Sanwa

森林は誰のもの

緑のゼミナール

日置幸雄 *Yukio Hioki*

”地球の自然が荒れなんとするいま、緑・森林の話は、それに反比例して常に新鮮、人間《ひと》のこころを洗ってくれる。かけがえのないこの地球のために、わたしは地球人のマナーを訴える。“

はじめに

筆者の故郷―少年時代を過した三重県富田浜は、伊勢湾沿いに綺麗な弧を描いて南北に伸びる白砂青松の海水浴場でした。水はあくまでも澄んで遠浅、春には旬のハマグリが獲れ、夏の夜は突堤に黒鯛《チヌ》を釣る大公望の喚声があがりました。

しかしこの浜にも石油コンビナートの進出など開発の波が押し寄せ、台風にも見舞われて昔の面影は完全に失せ、いまどす黒い波が一面にはり巡らされたコンクリート護岸に打寄せています。かつてのグリーンベルト、松林はマツクイムシにやられ紺碧の空にはいま、ピンク、黄色の雲が漂っています。

有名な公害病―四日市ぜん息はこの町を襲い、大きな社会問題になりました。そしてこの町を愛し、戦中戦後の悲惨な生活のなかで、われわれ兄弟妹を体を張って守り、育ててくれた母も肺がんで不帰の人となりました。

美しい地球の復元、これが筆者の母に対する鎮魂歌だと考えています。

この母にすすめられ、少年の頃に読んだ一冊。

それは江戸中期、奥地水源地帯の山々を整備して、土砂災害から集落の生命や財産を守った河村瑞軒の伝記でした。このことがいつも脳裏にあって筆者はためらうことなく、林学科に進み、治山造林を専攻しました。

学窓を出て憧れの林野庁に入り、九州国有林の現場に勤務しましたが、一九五三年六月梅雨前線の停滞は阿蘇山一帯に山容改まると言われた集中豪雨をもたらし、崩壊土砂が白川を流下して、熊本の市街地が泥海に沈むという災害がありました。世にいう六・二六災害です。この災害で市内の子飼橋の橋脚にかかる上流からの犠牲者の累々たる屍体を見て、水源地帯の山を守る治山こそ天賦の職だと心に決めました。

ところで国有林の使命は国土の保全が第一義（経営規定）になっていますが、木材生産が大きな地位を占めていることにおどろきました。上司の皆さんは公式の席では「治山治水こそ国有林野事業の要諦」と唱えていましたが、それはあくまでも建前、現実は木材生産一辺倒に明けくれていたのです。

とくに五七年、生産力増強計画が打出されてからは、これに火がついたようです。いまの森の母とも言われている環境林のブナをはじめとする広葉樹が全国的に伐採され、日本列島は生長量の大きいスギに転換されました。

一般に森林経営では、成長した量だけを伐っていれば資源は減らないという鉄則《セオリー》（考え方）がありました（法正林思想）。そしてこれを守ることは森林官、森林技術者のつとめであった筈です。それが新しい林業技術を導入すれば生長量が増大するという仮定を担保にして年々の伐採量が増やされ、森林資源（蓄積）は完全に目減りしてしまいました。

林野庁熊本営林局のOBで組織されている「九州山の会」会報に元計画課長のTさんがこんな述懐をしています。「後輩の諸君にいい山を残せなくて申し訳ない。私の当時の仕事は、いかに帳簿合せをして伐る木を探し出し伐るか、ということだった。」―計画課長といえば、森林経営の参謀、大番頭、これには大きな衝撃を受けました。

この国有林会計も、外材輸入による木材価格の低迷による林業の不振、幼齢林を手入れするために借用した資金の返済と利払いに追われて借金がかさみ、三兆五千億円という赤字を出して破たんしてしまいました。

白神山地、傾山、屋久島など全国の美林。いま人類への自然遺産とされている自然を積極的に伐採した揚句国有林をこのような姿にした責任は一体誰がとったのか、その点検と反省はいつ行われるのか、その思いは複雑です。

林野庁在勤中筆者は先輩、上司からこんな忠告をよく受けました。「君はいつまで治山の仕事ばかりやっているのかね、ほかの仕事（伐採、利用（木材販売）？）も経験しておかないと損だぞ」と。筆者は治山の思想と技術こそ国有林に活を入れられる唯一のものであると信じて治山砂防技術の研鑽に打ち込みました。そしてその間何よりも開発の業務に手を染めなかったことに喜びを感じていました。

六三年J・ケネディ大統領の議会教書に「美しい緑、美しい空、きれいな水のアメリカを取り戻そう（大意）」の一文を知って、大きな感銘を覚えました。当時の日本は、列島改造でまさに開発の嵐の中にありました。

アメリカ合衆国の国有林を視察したのは、六六年の秋でした。オレゴン州の国有林でへんぽんとひるがえる星条旗の下で、国有林の使命は、木材（Wood）、水資源（Water）、放牧（Forage）、野鳥獣保護（Wild-life）、森林レク（Recreation）だと語ってくれた制服姿の営林署長の言葉に感動しました。アメリカは大国です。七八年、セントヘレン火山爆発の調査に従事した筆者は、山腹に焼けこげた肌をもつ大径の米マツ群落が放置されていて、これが自然復旧の状況を観察するための試験林であることを知って、日本ならさしずめ木材業者がたちまち伐採、搬出したであろうとの思いを深くしました。アメリカの自然に対する哲学には学ぶべきものが多くありました。

七六年、筆者は建設コンサルタント、国土防災技術（株）（本社＝東京）に転進しました。同社は「土と水と緑」の技術で地球の環境保全に貢献する」を社是としていて、技術を尊重する素晴らしい会社でした。ここで筆者は多くの技術者に恵まれて有意義な日々を過しました。

海外出張の機会も多く、このことがいまも続けているＮＧＯ活動の原点になりました。

九三年の冬、ふと立寄った新橋の小料理屋Ｃで偶然東京新聞編集部の三浦昇さんに会いました。たしか地球温暖化対策の京都会議の前後ではなかったかと記憶しています。

話題が地球環境問題に及び、筆者は森林の荒廃、森林を守る意義を熱っぽく語ったところ、「ウチの新聞に何か書いてみないか」との誘いを受けました。そして「地球人のマナー」を書いたのがそのはじまりです。いつの間にかこの連載も四年間続きましたが五年目の春、三浦さんは急逝され、このシリーズは終わりました。

本書はこの原稿を中核とし、ほかに二、三書きためた森林のはなしで構成しました。

国土防災技術（株）（前記）勤務当時ＰＲのコピーを作成しましたが、このひとつに「地球にやさしく」があります。このフレーズ、いまは世界中に氾濫していますが筆者がその元祖ではなかったかとひそかに自負しています。

いずれにせよ、森林を保全する五十有余年の思いのすべてを述べました。本書がいま荒れなんとする地球環境保全のひとつのようすがになれば望外のよろこびです。

二〇〇〇年秋

日置幸雄

森林は誰のもの ● 目次

第三章　ブナ礼讃～白神山地から見る人間と自然……123

第一章　人間《ひと》と自然

風や潮害から集落を守る防風防潮林
佐賀県虹の松原は有名である

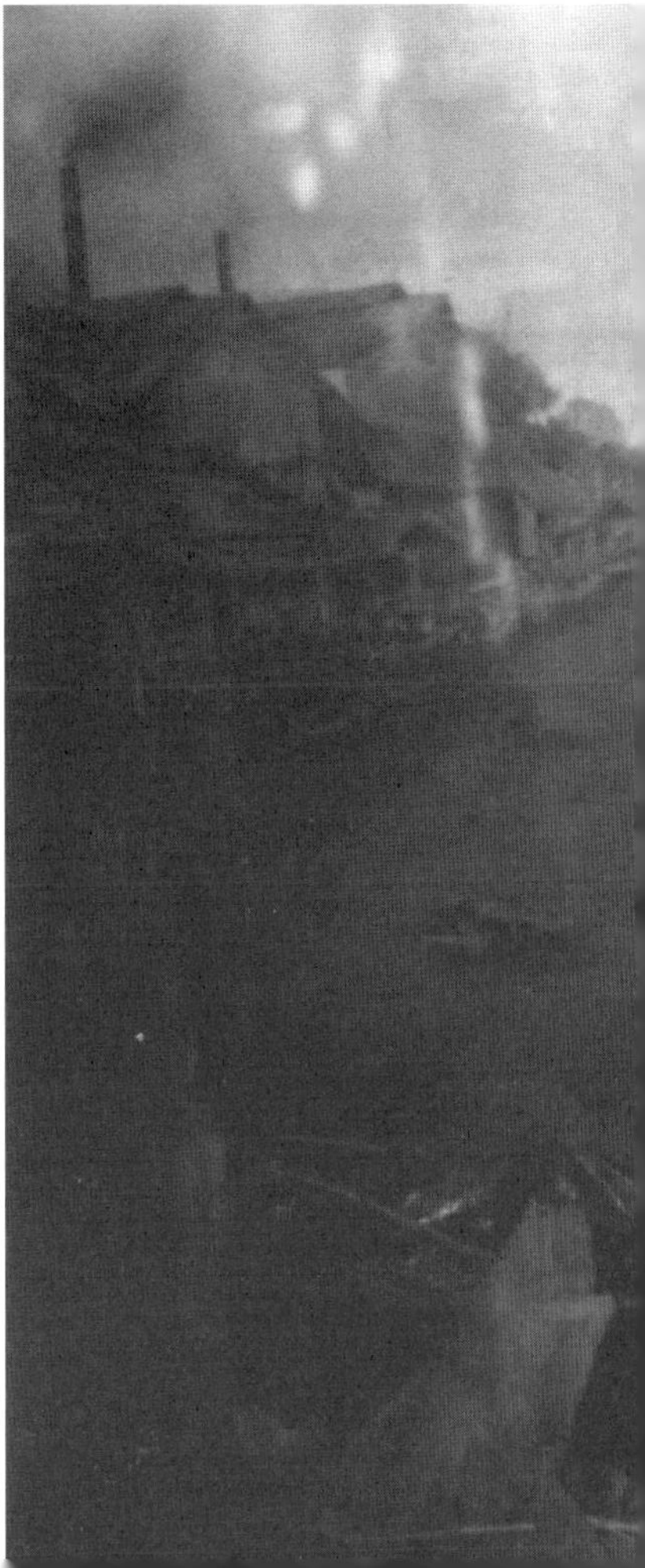

緑のない公害のまちには
無気味なカラスが似合う
（バンコク動物園資料館）

いま地球環境の危機が叫ばれている。その中枢を占めるのが自然であり、その代表的なものが森林であろう。森林には森林しか持てないいろいろな機能があり、人間はこれらと深いかかわりを持って生きてきた。森林が人間に与えてくれる恩恵には、建築や製紙パルプ用の木材、マツタケ、シイタケなどの林産物を供給する有形的な効用のほか、環境保全─気象条件の緩和、水源かん養、自然災害の防止軽減、大気の浄化、野性鳥獣の保護、保健休養、風致～景観の保全などの無形の効果があげられている。このなかでも近年はとくに二酸化炭素の吸収により、地球の温暖化現象の緩和に役立つことが注目を浴びている。

そしてこれらの効果も、昭和三十、四十年代、戦災の復興とバブル経済の時代には、国を挙げての経済最優先の波にのまれ、目先のことに心を奪われた。一すじに木材生産に狂奔した愚かな政策が忘れられない。昭和四十年代、アメリカ合衆国の林業視察団の一員としてオレゴン州の国有林を訪れたとき、天をつく素晴らしい緑の森林にひるがえる星条旗のもと、国有林の使命は木材生産だけではなく、水をつくり、野性鳥獣を保護し、牧草資源の供給、森林レクリエーションなど多彩な目的の確保に努力していると情熱をこめて語ってくれた営林署長の姿が忘れられない。当時の日本はまさに木材生産一辺倒、そのつけはいまも重くこの国にのしかかっている。さてこの章では、つぎのようなテーマで、自然に対峙する人間はかくありたいという主張を述べてみた。

①　ふだんの自然はやさしい。しかし一たび牙をむくとおそろしい。決してあなどってはいけないのだ。また人間《ひと》と自然とのかかわりは今後も長く続くはず。だから人間《ひと》は自然に感謝し謙虚に自然と順応して生きることが大切だ。地球人であるわれわれのマナーがいま真剣に問われている（地球人のマナー）。

②　ふつう物質は時間の経過とともに徐々に劣化していく。しかし自然の森林は逆に力を高めていくのだ。その力の活用こそ森林を保全するための人間の課題である。この地球の自然を防衛するためには、目先の対策にのみ目を奪われていては悔いを千載に残すことになる（コンクリートと森林と）。

③　森林を守り、これを造成するリーダーが山役人―森林官である。彼らは一般国民に森林の大切さを教える教師であり、森林のたのしさを伝授するガイドでもある。しかし「森に入ったことのない子供に森の教育をしても意味がない。テレビばかり見ている子供たちに森林の素晴らしさを伝えても無意味だ」と言ったあるフランスの森林官の言葉は、森林といい加減なつきあいはやめてほしいという警句でもある（森林官）。

④　森林の持つ力は多岐にわたっている。いくら晴天が続いても、立派な森林から流れる川は決して涸れない。

森林の持つ効用として、よく知られていないものに樹雨《きさめ》がある。森林が騒音を防ぎ、気温を和らげる作用も見逃せない。これら森林の力を総合的に活用することから地球環境の保全は始まる。森林の持つ偉大な力を忘れ開発にのみ走った代償は大きい。幾度も言うが「現世を忘れぬ久遠の理想」が望まれる（森林のちから）。

⑤　たしかに森林の効用は大きいが、必ずしもパーフェクトではないとする謙虚さも大切である。だから森林の取扱いには、それぞれの地域の環境条件に見合ったきめ細かい対策が大切である（森林のちから）。

⑥　荒廃が進むこの地球で、真の環境を守りぬくには信念と哲学、目標（理想）が必要である。「大国日本にアセスメント法がないなんて恥ずかしい」と言った元環境庁長官、鯨岡代議士の言葉がいまもずっしりと脳裡に残っている（環境を守る）。

⑦　北欧の湖は酸性雨のために魚が死滅している。日本もこの轍を踏まないよう為政者の真剣な対応が必要だ。先手必勝である（酸性雨）。

⑧　安全と水は無料と言われていたわが国の水道水もまずくなり、いまやミネラルウォーターのブームである。しかしその大半は加熱殺菌に頼っている。雑菌を処理した水はミネラルウォーターではないというのが欧米の考え方である。十分に管理された自然のなかで生まれたのが正真正銘のそれである。水源の保全がいま強く求められている（ミネラルウォーター）。

⑨　九州本土の最南端、南海の孤島屋久島は、樹齢七千二百年とも言われる縄文スギをはじめとする自然の宝庫で、先年ユネスコの世界遺産に登録されている。この山に開発による荒廃問題が懸念されている。この島の自然を守り、これを維持していくには、森林を守る的確な技術こそ必要である。長い伝統を持つ国有林には、現場技術が蓄積されている。これらのノウハウは環境庁にも役場当局にもない筈である（屋久島～世界の自然遺産）。

⑩　森林の持つ効用のうち森林レクリエーションを含む保健休養に注目が集まり、そのブーム

がいま到来している。人間《ひと》が自然を愛すれば、自然は人間《ひと》に愛情を注いでくれる。それを損えば、自然も人間を損うことになる（森林レクリエーション）。

⑪ 林業の世界ではスギ、ヒノキ、マツなどの建築材を有用材としてそれぞれに名前をつけているが、大切な森林を構成している広葉樹などは一括してザツとして取扱われている。これらの木はみんな素晴らしい機能を持っているのにこれではあまりにも失礼ではないか。人格ならぬ樹格の尊敬を提案したい（ザツという木）。

⑫ 地球上の炭酸ガスを吸収し、人間の生活に必要な酸素を供給する森林。地球上で植物が光合成により固定している炭素の量は七〇〇〇億トン。このうち半分を占めているのが熱帯雨林だ。その存在は貴重である。

この大切な資源が建設現場のコンクリートパネル等に使われ消耗品扱いである。本稿はこれに対する警鐘である（熱帯多雨林）。

⑬ 北緯四二度、北の大地の苛酷な自然条件のなかで北海道襟裳岬の海岸林は風雪に耐え、人々の生活を守ってきた。しかし戦中戦後の乱伐でこの森林の機能は失われ、昆布など水産物が激減して人々の生活は困窮した。札幌営林局はこの荒廃地に立ち向かい、その復元に成功し戦前の生活レベルを確保することができた。森林のちからを再発見するとともに、同局の持つ技術に心からの拍手をおくりたい（襟裳の春は…）

⑭ わが国の自然環境はきびしく、毎年襲来する台風、集中豪雨により国土は大きな被害を被っている。このため災害の予防と復旧のため、白いコンクリートダムなどの構造物がつくられ、河川水路がブロックの三面張りでおおわれるなど自然の景観が姿を消している。近年

河川法も改正され、自然景観への配慮が求められている。防災と景観保全のバランスをいかにとるのか、二律背反とも言えるこのテーマに、技術者はどう立向かうのか（防災か景観か）。

⑮「酒は涙かため息か」この名歌をそのままに、サラリーマンの心のうさを捨てる飲み屋街は今宵も賑わいをみせている。そのメッカ、東京新橋に、自然を愛し、地球環境に心を寄せる人々の集う店がある。その一端を紹介する。

地球人のマナー

透き通る紺碧の海、薫風にそよぐ椰子の葉陰、南海の楽園パラオ諸島ペリリュリー島で先日起きたダイバーの遭難事故は、自然を決して甘くみてはいけないという人間への警鐘ではなかったか。

監視船の予備エンジンの不備が直接の原因とも言われているが、あたり一帯の潮流の速さは周知の事実、海上からの監視、追跡の確認もなく潜水に移ったことがただただ悔やまれる。ましての、事故当日は牙をむいた自然、低気圧襲来の余波で、いつもは鏡のような海面も、白波が舞っていたという。死者にむち打つようで、しのび難いが、無暴に過ぎたというそしりは免れえないのではないだろうか。

かつての日本には多くの先人たちの犠牲のうえにたった安全への教訓が少なくなかった。関西のとある中小都市で過した少年時代、夏休みのたびに伯父のいるG県I川上流の大自然のなかで遊びほうけた思い出はいまも新鮮である。強烈な緑あふれる急峻の山々、その谷間をぬって走る清冽な渓流を相手にした冒険の日々は、わたしの心のバックボーンをつくった。

しかしそこには、安全のための掟が厳然と活きていた。

村の各所には公用の地図にはみられない地名――急傾斜の崩れやすい山腹斜面には、ほき、ほっけが、また急流のうえの断崖にはたしかくらなどの呼び名があった。そしてそこには天狗、河童のたぐいが棲息、出現するとの伝承もあって、腕白小僧たちも決して近づかなかった。

それは九州のシラス台地でも同様であった。台地上の水が急崖部より流入して斜面を侵食しないように流水がかわされ、植栽されたキンチク（竹の一種）のほとりには祠が設けられていた。もちろん住民はそこを畏敬し迂回した。このように日本の各地には永年にわたって培われてきた先人の知恵が脈々と生きていたのだ。

しかし近年の開発ブームはこの伝統を一気にうち砕き、かつての危険箇所をも宅地と化してしまった。

さていま地球では森林、緑の危機が大きく叫ばれている。酸性雨、焼畑、マツケムシなどの虫害がその要因かとされているが、森の生態系を無視した濫伐こそ問われるべきであろう。

かつて林業の分野には、法正林という基本原則があった。森林が成長した分だけ伐っていれば、森林、緑の量は常に一定していて安泰という考え方である。例えばある流域の森林を百等分し、毎年そのひとつずつを伐っていく。これを正しく続けていけば、最初に伐った箇所を二度目に伐るときは、樹齢が百年という見事な森林に復元しているという寸法である。

しかしこの原則も肥料を施したり、新しい林業技術の開発によって生長を高めるという仮定の計画を担保にして、先取りという実際の生長量を上回る伐採が続けられてしまった。

また伐採した跡地には必ず植栽をしたり、周辺の林地から飛んでくる種子をそこに定着させようとする森林更新の原則が熱帯雨林ではとくに無視されてしまった。これでは掠奪と非難されてもいたしかたあるまい。

人間と自然とのかかわりは今後も長く続くはずだ。だから人間は自然に感謝し謙虚に生きることが肝要である。人間は地球の間借り人、ルールを無視して勝手気ままに生きていたら、この地球は次の世代に引き継ぐことができなくなってしまう。

地球人のマナーがいま真剣に問われている。

コンクリートと森林と

「コンクリートが酒で固まる」という話がある。いまはむかし、業者が手抜き工事をして、コンクリートの所期強度がでないと監督員にたらふく酒を振舞ってめでたく合格のお墨付きをもらったというのが語源らしい。

それでは実際に酒でコンクリートを練ったらどうなるのか。九州大学の工学部コンクリート研究室で実験をした結果を、この道の泰斗故吉田徳二郎先生が発表している。

どうせ練るならと特級酒を使ったというから、現場は垂涎そのものではなかったのか。結果はどうであったか。全然固まらなかったそうである。これで幕を引いたのでは研究者の名が廃る。それではと酒半分、水半分の配合で練ったところ、コンクリートの初期の強度は普通のものを上回ったという。もっとも将来ともにこの強度が保たれ、耐久性にも問題はなかったのかは聞き洩らした。

さてコンクリートは永遠なりと言われている。しかしその期待に反して欠壊している構造物も多く目につくばかりか、酸化によって強度と耐久性は徐々に低下している。

これと対照的なのが森林である。山に植えられた小さな苗木は、時の経過するままに成長し、やがて逞しい森林となっていろいろな効用を人々に与えてくれる。その一つに根系が大地をしばって、表土の侵食、山崩れ、土石流を予防してくれる国土保全の機能がある。

ハイキングなどで山を訪れるとき、山間の渓流に土砂溜めのコンクリートえん堤が必ずといっていいほど目に入ってくる。これらは上流より流送されてくる有害な土砂を貯留し、調節するばかりでなく、渓流の勾配を緩和して侵食を防ぎ、山脚を固定して山崩れの発生の予防に役立っている。しかし見落してならないのは、その流域にみられる崩壊地である。それは降雨のたびに拡大を続け、土石流の予備軍でもある土砂を流下させている。

この崩壊地を復旧しない限り、いくらえん堤を設けても元の木阿弥になってしまう。要するにもとを絶たなきゃ駄目なのである。

昨秋、日米構造協議の森林部会が日本で開かれ、日光男体山の治山工事を明知平の展望台より眺めたアメリカチームは、「あのような急峻な山肌に挑んで木を植えるよりも、下流の渓谷に大規模なえん堤を入れたら」との提案に対し、広大なアメリカ大陸ならいざ知らず、狭い国土のわが国では、土砂生産の根源に森林をつくり下流への土砂の流下を防止することこそ肝要と反論した。

崩れた山を整備し、これを森林に復旧する山腹工事は確かに人手がかかる。しかし災害国のわが国では国家百年の大計からみた場合、これを避けて通るわけにはいかないのではないだろうか。そしてえん堤と山腹工事の有機的な組合せこそ大切なのである。

「あなたは何故山に登るのか」と問われて「そこに山があるから」と答えたのは有名なアルピニストである。しかし「何故そこにえん堤をつくったのか」と問われ、「ゼネコンの△×がいたから」では納税者はたまらない。奥地森林の整備は過去の歴史が示しているように国の重要な事業であり、森林はカネをかけて守っていくという気概が必要である。そうすればその効用は何倍にもふえてかえってくる。

口を開けば地球環境の保全を唱えながら、目先きの対策にのみ専念していては、悔いを千載に残すことになる。

森林官

ドイツの子供たちに、『将来は何になりたいの?と尋ねたところ、森林官(森林技術者)が第一位、以下医師、弁護士……と続いた』という。

過日、日本都市センターホールで開催されたフォーラム「明日の森林・林業」におけるパネリスト、富山和子女史(評論家)の話に、会場は一瞬どよめきを呼んだ。

「ドイツ人男性の三分の一は森林にあこがれ、できうれば森林官になりたいとの願望を持っている」

いつかなにかで読んだドイツの営林署長パプスト博士の言葉がそれを裏づけてくれる。

海外、とくに欧米の森林官は、広く一般市民から敬愛され熱い眼差しが注がれている。一九八八年、米国セントヘレン火山の調査を終えて、カナダの森林を訪れた折り、バンフ国立公園近くの広場で、野外自然教室が開かれていた。ここで森林官の熱心な解説に耳を傾ける子供たちの輝く瞳に接して、大きな感動を覚えたことがいまも脳裏に焼きついている。

春の一日、都下で開かれた日本林学会のシンポジウムに出席した。テーマは「林学とは何か――林学（会）の役割り」であった。近年とみに高まる森林に対する国民各層の期待と要請、これと裏腹の林業の不振、そのなかでの若い研究者、技術者の情熱と自信の喪失がこれを呼んだものと受けとめた。

司会者は「かつての林学には林業経営というれっきとした目的があった。しかし林業、森林をとりまく環境がさま変わりしたいま、林学は脱皮して『森林科学』への方向をたどるべきだ」と論じ、これを受けた会場の発言者は、「地球環境保全がきびしく問われているいま、森林の取扱いは従来の視点を変えた別の観点から見直すことが必要だ」と応じた。

しかしこれはおかしいのではないか。森林・林業経営の原則は、長期の展望に立った保続の思想で貫かれている筈、時代の変化で簡単に方針が変わるものではない。またかつて技術開発など机上での仮定の計画を担保にした伐採の強化――生産力増強計画が実施に移されたとき、林学会はその矛盾をついてこれを阻止すべきではなかったか。不幸にしてそれができなかった以上、おそまきながらもそれに対する反省の弁を表明すべきであろうと考えた。

わが国は国土の七割が森林で占められているという森林国でありながら、欧米等に比較して国民の森林に対する関心は極めてうすい。

それはわが国の森林の教育に負うことが大きいと思えてならない。本物の森林に入らず、教室のなかでのみ観念的な教育が行われている限り、森林の魅力、森林に対する関心と理解は、決して深まらないだろう。

深い森林に入って樹々と対話をし、渓流の清冽な水で喉をうるおし、森林の不思議を知る実践的、体験的教育が望まれる。

「森林の中に入っていない子供に、森林の教育をしても意味はない。テレビばかり見ている子供たちに、森林の素晴らしさを言葉で伝えても無意味だ」というフランスの森林官プジョン氏の言葉（雑誌山林）は、敬聴に値する。

ドイツの多くの営林署長は、自ら管轄する森林を対象にして調査研究に一生を託し、それをもとに博士論文をまとめている。そして目指す森林が達成できないときは、あとをジュニアに託するという世襲も多いと聞く。

日本の営林署長の任期は、たかが二～三年、森林は不満と怒りにうちふるえていないだろうか。

森林のちから

「今日の入札で、当地産のヒノキが見事、一立方メートル五〇万円で落札しました」

国有林の素材（丸太）の入札を終え、喜びをかくしきれず小躍りしている某営林署の販売課長に接して、ふとこんなことを考えた。

「一立方メートルと言えば、黒川虎屋の羊羹の太棹が一六〇〇本、一本五〇〇〇円だから……。人里遠く離れた奥地林で一世紀近くも風雪に耐え、水をつくり、大地を守り、訪れるハイカーたちに森林浴と素晴らしい景観を提供してくれた彼の価値は、いささかブラックユーモア的な発想で申し訳ないが、課長の言われるほど高いのだろうか？」と。

森林は多彩な機能を持ち、これらに対する期待と要請は年とともに大きな高まりをみせている。

しかし、ついこの間まで木材の供給しか眼中にない人々が多くいたような気がしてならない。また口では森林の機能の多角的な活用を唱えながら、実際は商業ベースの伐採にのみ専念していた為政者も知っている。

それだけに六〇年代の後半、アメリカ合衆国オレゴン州の国有林を訪ねた折り、翩翻とひるがえる星条旗のもとで、国有林の使命は、水資源の確保、木材、野鳥獣の保護、森林レクリエーション、飼料の確保だときっぱり明言した営林署長の言葉に感銘したことを改めて思い出す。

率直に言って当時のわが国は、木材生産一辺倒に思えてならなかったからである。

木材はたしかに敗戦後の焼土と化したわが国の復興に大きな力を発揮した。しかしいま森林の持つ多くの機能の活用こそ問われている。

発明王エジソンは、少年時代を過したイリノイ州の川のほとりに立って、連日の干天で雨が全然降らないのに、流れる水が減らないのはなぜかと並みいる大人たちに質問を浴びせかけ、彼らを困らせたという。

ここではそのメカニズムの説明を省くが、これが森林の持つ力の一つ、水源涵養である。

また人は緑色に、おだやかさ、安心感を強く抱く。これについて、こんな実験を紹介しよう。緑色と赤色の二つの扉を持つある部屋に大勢の子供たちを入れたところ、大部分の子供が一様に緑色の扉から飛び出してきたという。ましてその緑が生きたみどり――パワーを持つ自然の森林――であればなおさらと言えるだろう。

さて、森林の持つ効用で、一般に比較的知られていないものを並べてみよう。そのひとつに樹雨がある。森林のなかに霧が流れ込むと霧滴が樹木に付着し、これが水滴となって林内の地表に滴下して、あたかも降雨があったのと同じ状態になる現象である。

これが樹々の生長を扶けて森林の機能を高めてくれる。

また森林の気温をやわらげる作用も見逃すことはできない。全山が森林におおわれた伊香保（群馬県）と銅精錬の煙害で全山が禿山になった足尾（栃木県）の気温の比較調査を岡上氏が行っている。これによると夏七月の気温の較差は、標高の差を換算・調整して六度Cもあるという結果が公表されている。けだし森林のちから、その効用を実感する。

また森林の持つ防音効果として、明治神宮境内の周辺と神宮の森の内部では、実に三〇フォンも異なるというデータも見逃せない。

森林のちからの活用は、大局的、総合的な見地からこれを進める必要がある。早稲田の校歌ではないが「現世を忘れぬ久遠の理想」がただただ望まれる。

ところ変われば

アメリカ・ロサンゼルスは砂漠にできた都市。年間の降水量は僅か四〇〇ミリメートル、わが国平均降水量の四分の一にも満たない。

文字通り乾燥地帯のこの国には、ドライエロージョン――乾燥侵食という言葉があることを東京大学砂防教室の故荻原貞夫博士よりうかがったことがある。からからに乾いた物質が灼熱の太陽のもと、じりじりと姿を削りとられていくすさまじい事象が頭に浮かぶ……。

さて森林に降った雨の行方を考えてみたい。

まずその二五パーセントは樹冠によって遮断され消失する。

降雨の直後に地表などを流れる分が同じく二五パーセント、樹木を通して蒸発散し消失するのが一五パーセント、そして残りの三五パーセントは地中に浸透し、ある時間をおいて流出したり（中間流）、地下水として貯蓄される。

わが国のように降水量が多いところでは、降水の樹冠による遮断・樹木を通しての蒸発散はさほど気にならないが、砂漠地帯では、これが両者併せて全降水量の四〇パーセントに及ぶとなると事は重大である。

だからロサンゼルスなどの少雨地帯では、水源涵養を目的とした森林の存在は否定されることになる。

つまり折角降った雨水を利用しようとしても、森林の水源涵養機能とうらはらに、樹木が蒸発散作用などによって水分を消費してしまうから意味がなくなるわけだ。

八〇年代のはじめ、海軍兵学校で有名な広島県江田島の山林が山火事により焼失し、その面積は実に一八〇〇ヘクタールに及んだ。この災害の直後現地に駆けつけた筆者は、焼失したアカマツの林が蒸散能力を失ったために余剰水を生じ、地表をひたひたと流下している姿に接して驚いたことがある。

また六四年、異常な渇水で東京砂漠を招いたオリンピックの年、奥多摩の水源地が枯渇したのは、樹木がかなりの水分を消費してしまったのではないかとの噂が噂を呼び、都の水源林事務所がこれの試験に着手したことが報告されている。元来樹木の蒸散は、物理的な面と生理的な面とが影響し合っているので難しい問題を孕んでいるが、あえてこれに挑んだ都の事務所の英断に心からの拍手をおくりたい。

この種の話は昭和十年代にもあった。かの有名な平田、山本「溜地森林論争」である。

詳しいことは省略するが、当時国立林業試験場の平田技官と岡山県農業土木の山本技師が「溜池は森林に水を吸収されるので一考を要する」（山本）に対し、「いや溜池を森林のなかに造れば、森林と溜池の両者で、水源は十分涵養される」（平田）と論争し、当時の学会誌を賑わした。

いまにして思えば年降雨量が六〇〇ミリメートル前後の地域では、溜池を造っても貯水はむずかしいが、同じく降雨量が一、〇〇〇ミリ以上のところでは、溜池を造れば十分に貯水が可能であると言えるのではないか。筆者も全く同感である。

最後に再びロサンゼルス。ここの水資源はコロラド川上流シェラネバダの雪解け水を延々と水路で導いている。一方平地に降った雨は、これを人工的に地下に注入し、ともに立体的な利用を図っている。

世界は広い。そして日本列島は長い。だから森林の取扱いも決して画一的ではなく、それぞれの地域の環境条件に応じたきめ細かい対策こそ望まれる。オールマイティー、全知全能は、地球上には存在しない。

環境をまもる

「環国情人ってご存知ですか」友人の大学の教官からこんな質問を受けた。環とは環境、以下国際、情報、人間だそうだ。

この名称を付けて申請すると、大学の学部（科）の新設、変更の許認可がスムースにいくのだという。この話現今の世相をうかがったものと興味深い。

一日とて耳にしない日のない環境問題。これを考えるとき、次の一駒が頭に浮かぶ。アメリカ映画（二〇世紀フォックス社）ハワイ真珠湾攻撃を描いた「トラ・トラ・トラ」の一シーンである。同社が当時の金で九〇億円と三年の歳月を費やして製作したというこの一大スペクタクル。一九四一年（昭和十六年）、日米間の空気が険悪を極めるなかで、両国はそれぞれ軍備の充実に余念がなかった。

ハワイでもオアフ島の山頂にアメリカ海軍が日本の攻撃に備えてレーダー観測所を設けることになったが、その場所は地元の自然保護協会にあっさり反対され、急きょ場所を変更するはめに陥った軍部、担任の下士官が「海軍を舐めるなよ。司令部は全くだらしない」と憤慨する一幕である。

この脚本、史実に忠実に描かれたというから、アメリカの民主主義の一断面にふれるとともに、軍部には絶対に刃向かえなかった当時の日本を思い出し感銘を新たにしたものである。

しかしよく考えれば、このこと、不思議でも何でもなく、戦いが終わり人類がこの地球でともに繁栄を続けていくには、当然美しい自然が必要であるとしたアングロサクソン民族が持続している合理性に根ざした考え方にほかならなかったのではと思われる。

環境とは「人間、動植物の周囲にあって、影響を与えるすべてのことがら、事情、状況」と理解している。

これを開発など事業や人間の活動で大きな影響を与えないよう保全することが、いま強く望まれている。

戦後筆者の環境にもさまざまなインパクトが発生した。

少年時代を過した三重県北部（北勢）。伊勢湾は見事な弧を描いて南にのび、文字通り汀は白砂青松、遠浅の濱には蛤が無尽蔵に採れ、夜の突堤には黒鯛を狙う太公望で賑わった。もちろん海は紺碧、大気は澄んで遠泳に漕艇に青春をかけた思い出は深い。しかし戦争の勃発、そして終戦、やがて出現した石油コンビナートは、不気味な火焔を噴き、空一面をピンクに、黄色に染めあげた。工場排水のたれ流しで海は汚れマツも枯れた。住民は固有名詞のつく喘息に悩まされ、それでもと愛した故郷を離れなかった母も肺ガンで世を去った。思えば長い悪夢だった。蛇足であるが、いま筆者が環境保全に情熱を傾注しているのは案外このことが根底にあるのかも知れない。

昨年十一月、さまざまな曲折を経て「環境基本法」が成立した。これには従前の「公害対策基本法」に代わる新しい理念が折り込まれており、今後の展開に期待を寄せる一人である。

しかし唯一つ気に懸ることがある。それは環境の悪化に力強く待ったをかける環境影響評価《アセスメント》の手続きを法律に格上げしえなかったことだ。環境庁の努力も開発の足を引っ張るものとして強く抵抗した事業官庁や産業界の力がこれを上回った。

いまこのことを考えるとき、何代かまえの環境庁長官鯨岡代議士がいみじくも言われた次の言葉が筆者の胸にもずしりと響く。

「大国日本にアセスメント法がないなんて本当に恥ずかしい」

酸性雨

成田を十一時に発った飛行機が十時間半の飛行を終え、フィンランドの首都、ヘルシンキ国際空港に着陸すべく機体を降下すると、窓越しに幻想的な森と無数の湖が展望される。機内にはブルーコメッツの曲、ブルーシャトウが静かに流れ、演出効果は完璧だ。

そのとき隣席のフィンランド人が突然にべなく言い放った。「あの湖には魚がいない。変な雨が降ってきて全部死滅してしまったのだ」

筆者の北欧四カ国等の酸性雨調査は、この言葉から始まった。八五年九月、この国には秋の気配が立ちこめていた。

身近に発生源がなくても、遠くに離れたところからそっと忍び寄る環境汚染の元凶、酸性雨とはどういうものなのか。酸性、アルカリ性を表す数値にＰＨ（ピーエッチ）――水素のイオン指数がある。

七・〇が中性、それより小さいものが酸性、大きいものはアルカリ性となる。そして酸性雨とは、このピーエッチが五・六より小さいものとされている。

この仕組みは複雑で、大気だけでなく、水質や土壌にも影響を与える。困ったことには気がついた時にはもう手遅れともなりかねない。

この酸性雨。ヨーロッパでは「緑のペスト」、中国では「空中鬼」などとすさまじい名前で呼ばれている。

森林や農作物を直接枯らし、また土壌の質を変えて間接的に徐々に被害を与えるのだ。いつの間にか湖沼にも降り注ぎ、そこでは、魚が棲めなくなる。スウェーデンでも四〇〇〇を数える湖沼で魚が死滅したという深刻な影響が報告されている。

紀元前五世紀に建設されたギリシャのパルテノン神殿も例外ではなかった。大理石の巨大な石柱の被害は過去二千数百年の風雪による侵食よりも、最近二十年間のそれが上回っているとの説明に愕然とした。ギリシャの神々もこれではお手上げだ。

同じくドイツ。偉容を誇った有名な黒い森の残骸――枯死木も哀れ、ケルンの街、ライン川に沿って聳り立つ大聖堂（ドーム）も黒い雨の洗礼を受け黒ずんでいた。この国もまた深刻な問題を抱えている。

それではわが国の実態はどうなのか。七〇年代の後半、目とか皮膚とかに刺激を受けたとの苦情が環境庁に三万数千件も寄せられ、これがそのはしりであったようだ。

いま手許に、環境庁が平成元年に公表した「第一次酸性雨対策調査」による酸性雨測定状況図がある。これをみるとピーエッチはいずれも五・六を下回っており、酸性雨のシャワーが日本列島全般に降り注いでいることを確認した。まさに「各々方油断めさるな」である。

酸性雨は発生源から遠く遠く離れて、国境を越えて地球規模で広がる汚染である。日本の場合、日本海側で全国平均を上回る数値が報告されており、石炭を多く使用する中国大陸や朝鮮半島にその根源があるのかという説もある。

国境を越えた真摯な話し合い、硫黄酸化物の抑制技術の提供など適切な対策が望まれる。そして近年酸性雪の問題も台頭している。筆者はこの冬、新雪の雪質調査を行った。ところは岐阜県坂内村。揖斐川の上流である。結果はピーエッチ七・〇。まさに純粋の雪に、計器を握る手が感動にふるえた。

さて政治家の皆さん、この列島に綺麗な雨をもたらす施策も進めてほしい。揉めるのはもうそろそろこの辺で。

ミネラルウォーター

故郷は遠きに在りて想うもの。中東に滞在当時灼熱の砂漠での天幕生活で、淡水化した生ぬるい海水を飲んで過した時ほど人として惨めな日々はなかった。文字通り無味乾燥、「水と安全は無償で手に入ると思っている」といったあの有名な日本人論をこの肌でしみじみと感じた。

そしてなにかにつけても思い出すのは、緑の山々と清冽で美味、豊かな水に恵まれた祖国ニッポンであった。

かつてのわが国には、まずい水など到底考えられなかった。空はあくまでも澄み、奥地水源地帯の森林に浸透した雨水は、浄化されながら地中のミネラル分を適度に溶かし、水温も十〜十五度というほどよい湧水と地下水が水源であったから、美味いのは当然であった。

近年、経済の発展、人口の爆発的な増加につれて都市等の水需要は増大の一途をたどり、上水道の水源はいつか河川や湖沼にまで及んでしまった。

これらも各地で汚濁が進み、白濁のカルキや悪臭を生み、過日はトリハロメタン—水道水のなかの有機物が消毒用の塩素と結びついて発生する有害物質—まで検出されるはめになって、人々は震撼し水道水の信用はすっかり地におちてしまった。

そんなこともあって、世はいま名水ブーム、名水百選（環境庁）、水バーの出現（池袋）のなかで、厚生省は過日「美味い水の要件」を発表して世間の注目を浴びた。その象徴のひとつにミネラルウォーターの台頭がある。

かつては海外旅行以外には縁がうすかったが、いまやすっかり日常的になって、多彩な商品が店頭を賑わしている。さてこのボトル、国産と外国産の決定的な違いをご存知だろうか。国産品はその大半が加熱、雑菌処理がされているのに、外国産の九割以上を占める欧州の水は、水源で直接瓶詰めされていて、加熱などはされていないのだ。「雑菌処理などしなければならない水は、ミネラルウォーターと呼ばれる資格はない」と彼らは言う。

昨秋請われるままある林業県の上流水源地帯の湧水の水質鑑定にかかわった。水質分析、利き水など首尾は上々であったが、思わぬ伏兵に出会ってしまった。緑の渓谷に大腸菌が見つかったのだ。汚染源を丹念に調査したが、果せるかな奥地林の伐採が進められていて住処を追われた野猿が犯人という結論が出された。

この調査でミネラルウォーターを源泉で直接ボトリング（瓶詰め）するために、採水地一円の環境保全に徹底した施策をとっているというフランスのヴィッテル社の姿勢が脳裏をよぎった。

ここでは、源泉の流域数千ヘクタール（東京世田谷区の面積に相当する）が管理されていて、伐採工場、住宅の建設はもちろん、農薬の使用も、きびしく制限され、この地域に入るには自動車の乗り入れもご法度、わずかに、自転車の搬入のみが許可されているという。（科学誌・クオーク）

わたしはいま死語同然になってしまった山紫水明の日本、美味い水をいつでも心おきなく飲めたかつてのよき時代の復活を心より希う。そのためには奥地水源の森林の整備からことは始まる。豊かな森林はよい土をつくり、これが清冽で美味い水の生産につながる。

リットル百円を超すミネラルウォーターもよいけれども、美味い水をいつでも心おきなく飲めた時代の再現、本当の文明とはこのことを言うのではないのだろうか。

屋久島—世界の自然遺産

南海の黒潮躍る濃紺の海、これが灼熱の太陽に暖められ、上昇気流となって聳り立つ山体にぶつかる。そして月に三五日も猛烈な雨を呼ぶ。

この雨は島に大小一四〇の川をつくり各所に滝を設ける。なかでも両岸御影石の一枚岩より落下する六〇メートルの千尋《せんぴろ》の滝は一幅の絵だ。勿論この雨が、島全体の豊かな緑を育んでいる。

屋久島は九州本土の最南端、佐多岬より南に七〇キロ、林芙美子は名作「浮雲」でたしか円く緑濃い島と描いている。

九州最高峰の宮之浦岳（一九三五メートル）以下一〇〇〇メートル級の山々は三〇余坐、これが海面から直接屹立しているため洋上アルプスと称されている。五五年、熊本営林局小杉谷事業所の雨量観測結果を取りまとめて筆者は驚嘆した。

年間降水量一九、七〇〇ミリ、世界一とされるガンジス川チェラブンジ（印度）の記録を凌駕していたのだ。当時森林水文の権威故玉手博士の感動の姿が脳裏に浮ぶ。

周囲一三二キロ、亜熱帯の海岸から上部の亜寒帯まで垂直に分布する植物群落。ここ屋久島は昨秋世界の自然遺産として登録され、内外から熱い注目を浴びるに至った。筆者も一年前、花（ヤクシマシャクナゲ）と屋久杉、そして豊かな水質源を尋ねて島を訪れた。

屋久島の象徴は縄文杉、樹齢実に七千二百年。根回り四三メートル、高さ三〇メートルの樹体には、他の樹木が根をおろす「着生」がみられ仙人の風格を示す。まさに悠久。樹の周りにはロープが張られ、踏み固め禁止の措置がとられていた。

太古からこの樹の生命を支えてきた主役は、天の恵み――「雨」である。しかしこの根元が踏み固められては雨水の浸透が阻まれ、その寿命さえ危うくする。

水を浸透させる土壌の力を示すものに「浸透能」――一時間に何ミリの雨水が地中に浸透するか（単位ミリ）がある。よい森林の土壌は、スポンジのようにふくらんで軟らかく空隙率も大きい。だから九〇〇ミリにも達する反面、踏み固められた箇所はその二割にも満たないというデータ（村井氏）がある。世界遺産として脚光を浴びたこの森林には、今後内外から多くの人々の来訪は必至である。それだけにこれを守りぬくための登山者のマナーが強く望まれる。

道中、埋もれ木の搬出現場に出会した。木製工芸品として地元産業の進展にもつながるこの活用について、こんなことがふと頭をよぎった。

「近年生命科学技術《バイオテクノロジー》の発展に伴い、遺伝子資源の価値に注目が集まっている。自然の生物にどんな遺伝子があるのか、その知識はまだ少ないが、現状の生態の保存こそ人類の将来に大きな価値をもたらすのではないか」と。

そして八〇年、アメリカ・セントヘレン火山の大爆発で、天をつくダグラスファア(米松)の森林破壊の現場で、政府は広大な被害地に一切手を加えず自然のまま放置し、その保全と観察を続けている英断を思い出した……。

御影石——花崗岩の屋久島は、雨の侵食に弱く、登山道は至る所で欠壊し、歩行は難渋を極めた。同行いただいた地元営林署のOBは、「国有林には長年蓄積してきた技術があり、その補修・復旧は容易だ、しかし肝心の予算が……」と切歯扼腕する姿が印象に残った。

国有林はいま特別会計の破綻で、かつての栄光はないが、森林管理のノウハウは、環境庁、町よりも勝れている筈である。営林署が自信をもってこれを推進できる施策の確立こそ望まれる。そしてこれが人類の貴重な遺産を支えてくれる。

森林レクリエーション

とぼけたオジサンの集団が森林を訪れ、円形に杭を打ちロープで囲ったあと、全員が裸になってこのサークルの中に入り、腰をかがめて懸命にタオルを使う。上には緑が微笑んでいる。秋竜山の傑作、漫画「森林浴」である。その斬新さに圧倒され思わずふきだした。

休日の朝の副都心のターミナル駅、三三五五と集う登山帽にリュック姿のハイカーたちは、老若男女を問わずみんな明るく、嬉々として郊外の緑を求めて消えていく。野外――森林レクリエーションはいまやまさにブームだ。

かつてNHKの「住みよい都市の条件」に関する世論調査で、私生活に求められるものとして、「高収入がえられなくても、自然環境に恵まれている所がよい」「単調であっても落着いた毎日がおくれる所がよい」などの意見が過半数を占め、従来ともすれば都市生活のなかで見落とされ勝ちであった「安らぎ」「人間らしさ」「生き甲斐」が大きくクローズアップされ俄然注目を浴びた。

わが国で大衆の野外レクリエーション活動が活発になったのは十七世紀以降。江戸の町人たちも、この頃になって生活も安定、季節ごとの行楽を楽しむ余裕もでき、周辺の社寺の境内などがその場となったようだ。

明暦の大火以降行楽の人々は増大し一七一六年（享保元年）幕府が品川御殿山、中野桃園、飛鳥山、隅田川堤を開設したのが世界にさきがけての野外レクリエーションだったと聞く。

あれから二八〇年。日本人はさまざまな歴史を背負って今日に至っている。とくに戦中戦後の食うや食わずやの暗黒の時代を考えるとき、今日の平和の享受をただただ嬉しく思う。

朝眼がさめ窓をあけると、そこに緑がとびこみ、薫風が頬をなでる。山に登って新緑の森林越しに清冽な渓流を見て素晴らしいと思う感覚、これこそ人間が自然と緑を求める本質であろう。

総理府が八七年に実施した「全国旅行動態調査」では、目的地の行動は自然風景の観賞が四割以上を占めるなど、国民には安くて豊かな自然に接したいとする強い願望が見られる。それだけに、為政者――受入側は、積極的な姿勢でこれに応えていただきたい。かつて訪れた緑と滝で有名なニュージーランドの国立公園ミルフォードトラックでは、一日の利用者は一パーティー四〇人、これが二パーティーまでという制限があって、三泊四日、五四キロメートルの自然採勝は素晴らしいの一語に尽き、この国の野外レクリエーションの哲学に感服した。

また、南アフリカ共和国の駝鳥園に至る緑のプロムナードを行く森林小旅行の圧巻も忘れられない。わが国の森林レクも現状をもってよしとせず企業や大資本まかせでない、素晴らしい場の整備を図ってほしい。一方森林レクリエーションを利用する人々の側では、その効率的な利用とともに、それに対するモラルの確立、向上が望まれる。自然――森林と人間の関係は互いに対立するものではなく、自然が人間に恵みを与え、人間はその恵みを享受し、自然に対してその保全に努力することが必要である。

人間が自然を愛すれば、自然は人間を愛するし、それを損えば自然も人間を損うのが自然の摂理である。かつてアメリカ合衆国のヨセミテ国立公園を訪れたとき、大分県と同じ面積を持つこの公園で、入園者の制限が行われていて、ゲートのまえに静かに入園を待つ人々に接したことがある。それは自然に優しい人間のうるわしい姿であった。

ザッという木

霞ヶ関の一画で後輩Y君（林業技術者）に会う。強酸性土壌地帯の造林の指導でしばらくC国に行っていたと言う。

「指導ですか？　ところで現場のPH（ピーエッチ――酸性の度合い）は」と聞けば、三・〇程度（中性は七・〇）だったとの答え。わが国ではこんな（酸性の強い）箇所に植林をした事例は知らないばかりか、仄聞すらない。

彼にとって初体験であったであろうこの現場で、「よい勉強になりました」ならともかく、指導とはおこがましい限り。人間、自然に対して驕ってはいけない。日本の伝統的美風、謙虚さはどこに消えたのかを実感した。

東南アジアの山地調査で、連日斜面を這いずり回っていた頃、現地人のカウンターパート（相棒）がこんなことを言った。

「真新らの作業服を着た政府のお役人が東京からやって来て、車とヘリコプターで現地を視察し、何枚かの所見をサラサラと書いて帰国される。ありがたいと言いたいが複雑な気持ちだ。山肌に挑んでデータをとり、仮説を立て、そして反対仮説を立てて検討し、具体的な対策計画を立ててくれるコンサルタントにこそ感謝したい」

こちらは国内の話。六四年静岡県安倍川上流梅ケ島温泉を襲った集中豪雨による災害の現地に、政府の調査団が自衛隊のヘリコプターで乗り込み、被災地を視察して再び東京に引き返した。翌日の地方紙の見出しが傑作であった。

「たった二時間で何が分かるか」

技術者は確たる理念を持ち、謙虚にして真摯、旺盛な創造力と探究心を駆使し、広い視野に立って、この地球を防衛するための研鑽・努力を怠らない。

これは八三年、カナダ国カンループスで開かれた環境問題研修会のスローガンである。これに参加した筆者はふと考えた。「森林の生態など、生きものを相手にする仕事には、彼らに対する愛情も必要ではないか」と。

この観点から言えば冒頭にあげた事例は、いずれもいささか淋しい話と受けとめざるをえない。なぜならそこには良心・謙虚さ・愛情が感じられないからだ。

かつて林業の分野に全木集材という方式があった。山地で伐倒した木材を急斜面の現場で、枝・葉を切り落として素材（丸太）を運搬することは効率が悪く、コストダウンにつながらない。そこで枝葉のついたまま外に運び出すという乱暴な方法である。これでは現場に肥料となる枝葉（有機物）が残らないばかりか、雨水による山肌の侵食、腐植土の流亡を防止することができない。

まさに目先のことだけにとらわれた貧しい発想以外に何物もなかった。率直に言ってそこには一片の愛情、明日への夢は存在しない。

このような発想の一因は果たしてどこにあるのだろうか。わが国の森林の内容――樹種、面積・蓄積（材積）など――を示すものに森林（調査）簿がある。

これらは全国の営林署、都道府県の林業事務所などに保管されているが、その中味はスギ、ヒノキ、マツなどの有用材――建築用材などは明確にしているが、森林を構成しているその他の木は一括してザッとして取り扱われているに過ぎないのだ。エリート以外は一括処理されていることに疑問を持つが、問題はいまやエリートの基準が変わりつつあることである。
森林の木にもそれぞれ人格ならぬ樹格がある。この地球には「ザツ」という木はない。

熱帯雨林

熱帯の魅惑の都市シンガポール（北緯一度三〇分）。この国の観光名所国立植物園には国花”蘭“をはじめタビビトヤシなど多様な熱帯植物を愛でる世界の観光客が今日も跡を絶たない。さして広くない園内のプロムナードを巡った人々は、植物園出口の土産物店に群をなし買物に余念がない。せっかく熱帯に来た以上、是非とも訪れ、触れたいのが売店後方に展開する熱帯雨林だ。店に続く芝生の上部に設けられた瀟洒な洋風四阿横の苔むした標柱「植物園附属森林」の横文字をみて、森に入ると南国の鳥が飛び交う鬱蒼たる木々が迫る。熱帯雨林の雰囲気を満喫するには十分な舞台だ。

森を散策する来訪者はいつも二、三人。とくに日本人に会った記憶はない。地球環境保全の面で熱帯雨林に関心が集まるいま、知的な旅を売る、ＪＴＢなど日本の旅行社が、これをガイドしない手はないのではないか。

六月初旬東南アジアの熱帯雨林調査の道すがら、このシンガポールに滞在中、現地の新聞のこんな記事が目に飛びこんできた。

『タイ東北部の原生林が皆伐され、その跡地に紙パルプ資源として生長の早いユーカリの植栽が進められている。生態系の破壊ばかりか、問題点も多く、これに反対する農民が軍隊に銃で追われている』と二人のタイ国人僧侶が渡日し、名古屋大学でキャンペーンをはったというのである。

エコノミックアニマルは依然として地球上に健在であることを実感するとともに九一年六月、軍隊の検問を潜り抜け、地下水の枯渇などをおこしている現場を垣間見てきた筆者は再び暗澹たる気持ちに襲われた。

一年中、水も温度も十分な熱帯多雨林は、生命繁栄の極みであると言われ、生物生産力は大きい。この高い生産量は森林の持つ葉の量が大きいことに深い関係がある。炭酸ガスを吸収し酸素を発生する光合成の担い手である葉の量を表すのに、その森林が占める土地面積の何倍の面積の葉を持つかで表す葉面積指数がある。タイ国の南端に近いカオ・チョンの森林は十二、土地面積の実に十二倍もの光合成面積を持つことが報告されている（小川房人氏）。

地球上で植物が光合成により固定している炭素量は七〇〇〇億トン、このうち熱帯多雨林が約半分を占めているわけだからその存在は極めて貴重だ。この森林が国連のデータによれば毎年、一一〇〇万ヘクタールずつ消滅しつつあるという。この規模はわが国の四国と九州を合わせた面積だから背筋が寒くなる。

フィリピンはかつて全島が緑の森林に覆われていた。このラワン材は日本の商社に伐りつくされ、それがマレーシアに飛び、現在の生産地はインドネシアに移っている。

その経緯は合板統計（農水省監修）などにも明らかであり、幾度も現地で検証を行ってきた。一般に熱帯多雨林消滅の元凶に現地住民の焼畑が槍玉にあげられている。しかし筆者の知る限り商社の委託による伐採（濫伐）こそそれである。今こそ過去を総括して熱帯多雨林の復元保護への努力が必要だ。

比国の緑のダムを目指しての林野庁の技術協力、バイテクを活用した菌根菌による森林の復元などその推進に期待したい。そしてかつては湯水のように使った合板など南洋材資源の活用にも工夫が必要である。

江戸時代の日本人は乏しさのなかに独特の絢爛たる文化を築いた実績がある。

地球の防衛のために今こそこの偉業——禁欲の、贅沢な技術の確立が望まれる。

襟裳の春は…

国際捕鯨委員会ＩＷＣでは、鯨の保護を巡って捕鯨国、反捕鯨国がしのぎを削って熾烈な闘いをくりひろげている。

これは六〇年のなかば、まだ捕鯨が活発に行われていた頃、当時農林省林野庁のお役人で、南氷洋の捕鯨監督を自らかって出て、逆まく怒濤を乗り越え活躍した友人Ｋさんの帰国談である。「ノルウェー船などは解体の残滓を海に還し、プランクトンの増殖を図るなど資源の保全に配慮していたが、日本の近代的な母船は、髭一本、血液一滴までも……」という話に接して暗澹たる気持ちに襲われた記憶が残っている。

エコノミックアニマルという懐かしい言葉が大手をふって闊歩していた頃である。自然の均衡を保つのは地球人のつとめ、「驕り昂ってこれを犯せば、ひどいしっぺ返しを受けるのでは」とこのときふと考えた。

〈閑話休題〉こちらは北海道の襟裳岬、かつてこの地帯は、カシワ、ミズナラ、ハルニエなど広葉樹の原生林で覆われていた。

北緯四二度という苛酷な自然条件のなかで森林は大地に根ざし、人々の生活を支え守っていた。しかし戦中戦後の燃料不足による伐採、牛馬、緬羊の過放牧、加えてイナゴの大発生による被害などで原生林は壊滅の危機に瀕してしまった。襟裳岬の風はすざまじい。

これをまともに受けて、森林は樹木ばかりか地上の雑草までも剥ぎとられ、砂漠化は急速に進展した。この現象、なにも中近東、アフリカだけではなかったのである。

北海道営林局の資料によれば、この襟裳砂漠より強風によって舞い上がった赤土は、岬の沖合一〇キロメートルにも達し、岬沿岸は黄色く汚濁した。当然沿岸魚、回遊魚ともに激減、名産の昆布も根腐れをおこして採れなくなるばかりか、飲料水も汚れ、戸を閉めきった家々のなかにも砂が舞いこんで地元住民は集団移転を真剣に考えたという。

七四年の日本レコード大賞ではないが、森進一の歌うように文字どおり「襟裳の春は何もない春」であった。

この惨状に北海道営林局と地元住民は敢然と立ち上がり、五三年春森林の復元に着手した。風速が毎秒一〇メートルという日が年間二七〇日以上という屈指の強風地帯に加え、春先きの土壌の凍結融解、夏には濃霧にさえぎられる短い日照時間など、そのすべてが植物の生育に不適といった環境のなかで、ひたすら種子と肥料を播き、その上部を海岸に打ち上げられた雑海草で入念に被覆して、表土の飛散を防ぐなど、独特の工法を開発して事業を推進した。

そしていま裸地化した国有林は草本により緑化され、この七〇パーセントに当たる一三五ヘクタールが森林によみがえった。

岬は往時の環境をとり戻し、海の恵みも見事に復元したのである。

襟裳は何もない春から完全に脱却したのだ。さてこの功労に対し、「人事院総裁賞」、「朝日森林文化賞」など数々の受賞に輝いたことは当然であろう。しかしこの日までにあの苛酷な現場で強風に耐え、目を射る砂と闘いながら黙々と森林の復元に挺身した先人たちの努力を決して忘れてはならない。

六二年の秋、筆者もこの現場を訪れ、木造の粗末な宿舎で砂まじりの強風が雨戸を打つ音を聞きながら、まんじりと朝を迎えたことを思い出す。そして「何時も毀すのは簡単だ。しかしこれを復元するのは至難の業」といった誰かの言葉をいま強く噛みしめている。

防災か景観か

うねり広がる緑の草原。その上に残雪を頂く山脈が迫る。アカデミー賞映画「サウンドオブミュージック」の舞台が連想される。ここはオーストリア・チロル州の山村。上流の荒廃地から流出してくる土砂を抑止する砂防ダムの下流には盛土が施され、これが郷土の草で見事に緑化されて素晴らしい景観を展開している。どこかの国に見られる剥出しのコンクリートの壁面はない。

防災——土石流を防ぐ——と景観保全の素晴らしい調和。さすがモーツァルトを生んだ国だと感銘を新たにした。

国際防災会議で訪オした折の印象である。

あれはいつだったか、成田で開かれた環境影響評価の国際シンポジウムで、パネリストの松井健氏（環境情報科学センター）の言葉がいまも体に刻まれている。

「防災を忘れた環境アセスはありえない」

アセスと言えば、天然記念物等の貴重な自然、生態系、景観の保全に目が向けられているが、人の命から目をそむけるなとの警鐘ではなかったか。

わが国の自然環境はきびしい。地勢は急峻、当然河川の勾配も急である。至る所に断層が走り、モザイク状の複雑な地質は脆弱である。環太平洋地震帯に位置し活火山も多い。加えて台風の常襲地帯、梅雨前線の停滞による集中豪雨も多く、これに各種の開発が輪をかけ災害列島の名をほしいままにしている。

「災害は忘れた頃に」（寺田寅彦）はいまや「性懲りもなく執拗に」に書き換えられそうだ。

これらを背景として、わが国ではいま防災か景観（環境）かの問題が台頭している。戦前戦後を通じて、わが国の土木施設は景観よりもその機能を優先させる傾向にあった。しかし大国になったいま、快適環境《アメニティ》が強く求められている。

かつては日本のどこにも見られた叙情詩、小学唱歌「春の小川」の情景は、不粋極まるコンクリートブロックで固められ、様変わりをしてしまった。欧州に住む友人、景観工学の専門家は、来日の度にこれに触れ「改修しなくてもいい所まで画一的に改修している」「生物への配慮を欠いている」等と手きびしい。しかし忘れてならないのは、わが国の過酷な自然条件である。普段は柔順だが、これが一旦牙をむいた時の恐ろしさを忘れてはならない。

だから景観か防災かと問われれば、まずは安全第一、災害から人命、財産を守ることを最優先し、それに立脚して景観等の環境保全に留意すべきだと断じたい。

そのためには、従来の土木技術者と環境・景観工学技術者の巧みな連携が望まれる。この防災――山地に係わる土砂害を防止する治山、砂防事業は現在、治山治水第九次五カ年計画により推進されているが、問題点はなくはない。

その第一、「夜汽車で旅をしてはならない」である。公共事業である以上、国民の理解のもと、せいせいと進めてほしい。そしてその過程を明確にするためにも、昼間の列車で走ってほしい。ゆめトンネルに入り給うな。

その二、事業の目標を具体的に明示してほしい。五カ年の投資額のみを目標としていることに問題はないのだろうか。だから「本計画で災害の犠牲者を欧米並みに減少させる」等の具体的なスローガンを掲げ、国民の賛同を求めてほしい。国民不在の公共事業はありえないからだ。こう考える時、かつて「日本には災害が多過ぎる。革新的な施策で国土を楽園にすることは難事ではない筈」（黒沢氏）を改めて思い出す。あれから三〇年が経つ。

環境サロン—新橋の夜

夜の静寂をぬって艶麗、哀調の新内流し、三味の音が耳に届く。ここは新橋三丁目の小料理屋「C」、露路裏の人通りも既にとだえ、瀟洒な看板灯が粋な格子戸、淡青の暖簾に明るい影をおとす。

この店、十指に満たないカウンター席だが客の大半は常連というういわば会員制倶楽部、店内には和気藹々のムードが漂う。

客席の会話は文学、歴史、社会はもとより、新派、浄瑠璃、歌舞伎、相撲からワインまで多岐、多彩。客は話し上手に聞き上手、時には巧みなウィットも加わって会話は弾みに弾む。もちろん大声村の出身者などいない。

嬉しいのは店には季節がある。旬の一品も絶佳。

「春めいてきましたね」

「今日は啓蟄のようです」。こんな会話も珍しくない。

そういえば去年の仲秋の名月には、いざよい、立待の月の解説を伺った。カウンターの片隅に才媛の女将愛用の歳時記が秘められていて、これが時にさりげなく活躍する。

彼女の心配りは、師匠だった故戸板康二（劇作家）先生のご薫陶によるものではとふと考える。

「私は電話帳を番号を調べる以外に引くことがある。私の場合小説の犯人の名前を決めたあと、それと同姓同名の人がいてはいけないからだ」（文藝春秋人物ごよみ）。

この粋の心意気こそいま地球の環境保全に結びつくのではないか……。

客に女性の工芸家がいる。仕事の傍ら、ボランティア活動にも精を出し、港区の環境モニター、海外孤児の里親と大車輪の活躍振りに頭が下がる。インテリアに用いる木材資源を無駄なく活用したいと、その特性を知るため東大の秩父演習林に通うという。地球もさぞかし喜んでいるだろう。

こちらは四丁目の「S」。夜霧の京浜国道が近くを走り、濃紺に白字を染めぬいた風格ある暖簾が風に舞う。酒は辛口の大信州、手づくりの肴は味、量、価格ともに秀逸だ。信州と江戸っ子の経営者夫妻の呼吸もぴったり。

ここはまた名門、県立長野高校八期生の東京支部の顔を持つ。店内備え付けのノートは文字通り上京者の発信基地である。環境五輪を標榜する長野オリンピックに向けて素晴らしい提言も散見され、名門校の知性を窺い知る。

カウンターでは毎夜、自然とともに過した青春の体験が語られる。「山菜狩りで下山すると、朝、眼にした山麓のワラビが三〇センチも伸びていた」など自然の不思議が披露される。

最近のスキー場の汚染を憂い嘆くのは電力会社の重役氏だ。雪融けのゲレンデには沢山の異物――特にタバコの吸殻が群れをなしている。高山植物に影響はないのかと、地球に優しい心づかいがさりげなく口をつく。そしてスキー場のムードを毀す大音響の艶歌非難の声が続く。

自然を愛するこの店ならではの卓見だ。

店の壁には県民歌「信濃の国」が掲げられていて「古来山河の秀でたる国は偉人のある習い」の一節を垣間見る。

先月、二〇周年の記念行事に探検家C・Wニコル氏の住む黒姫山を探勝し、一同新緑の森林浴を楽しんだ。

この両店、それは筆者にとって心のオアシスであり、秘かに環境サロンと銘うっている。

その雰囲気はかつてオーストリー滞在中に足繁く通ったインスブルックのパブを思い出させて

くれる。ちょうど池に投じられた小石が、徐々に波紋を広げるように、環境サロンが全国に普及することを期待する。

「君は何のために酒を飲むのか」と聞かれればこう答える。少しキザですが、「明日のために飲みます」と。

第二章　人間と土壌

～偉大なる土壌圏～

水田はダム　貴重な水田は水を蓄える（兵庫県村岡町で）

地球の表層部一〜二メートルは土壌圏と言われ、大古から現在は実に六〇億人と言われる地球人がその上で生活を続けてきた。数多くの動物、生物たちもその恩恵にあずかってそれぞれに生存してきた。大地という素晴らしく逞しい言葉がある。森林はこの大地にしっかりと根をおろし、この地球の環境保全に偉大なる役割りを果してきた。人間と自然の第二章として、ここでは次のようなテーマをとりあげた。

① 大切な土を過去の日本人は侮辱し、さげすんできたきらいはなかったか。土下座、泥試合、泥水稼業などの言葉がそのことを示唆しているように感じる。あのバブル景気以降、日本の自然は将来の展望もなく、目先きのことにのみ走ってしまった傾向はないか、その犠牲者のひとつに土がある（土壌圏〜土に生きる）。

② 毎年のように日本列島は土石流などの土砂災害を受けている。地球上の生物に寿命があるように山肌にも寿命があり突然崩壊をおこすことがある。わが国でも崩れやすい地域を危険区域に指定し、危険地区図（ハザードマップ）を作成のうえ、公表することを考えたい。一般にこんなことをすると地価が下がると、反対敬遠の声も確かにある。こんな姿勢は一流国として恥ずかしくはないか、人間は尊い命あっての物ダネである（山崩れ災害）。

③ 長良川河口堰建設が閣議決定を見たのは昭和三十年代、その後、工業用水の需要等社会情勢も大きく変動し反対運動が展開されている中にも、工事は当初の計画通り進行し、最後の

話し合いも既に完成をみた堰を背後にしてのことだった。

この堰、河床のヘドロ堆積を含め環境問題が論じられているが、奇しくも吉野川第十河口堰住民投票が九九年に行われ、建設反対が圧倒的多数を占める結果となった。感慨は深い（長良川）。

④ 地球上の土壌を基盤にして、いままで森林づくりや緑化工が営々と実施されてきた。その間の先輩の数々の試行錯誤と努力を見逃すことはできない。ある先輩は成功させるには、自然の掟をよく理解し面子にこだわらないこと、失敗は率直に認めるとともにそれを隠ぺいしないと言っている。傾聴すべき意見である（ドングリはどう播くか）。

⑤ 林野庁は日本の森林の価値―森林の持つ公益機能の計量評価を行い、その額を一年あたり十三兆円と試算した（昭和四十七年の時価）。国有林野事業会計の破たんに関連して、国民が森林をいらないというのならともかく、現行のように企業的、経済合理性を優先する経営方式はまさに大国にあるまじき貧しい発想ではないか（森林づくり）。

⑥ 王様の耳はロバの耳（ユーゴスラビアの民話）は王様には喜びや悲しみなど訴えを聞いてくれる土があったが、ひるがえって東京の子供たちには運動場までアスファルトで覆われ土がない、子供が可哀想だ（土壌のない学校）。

⑦ 地球の荒廃を防止するひとつに砂漠緑化がある、関係者は真剣に取組んでいるが、ロマンだけでこれが達成できるものではない。現地の条件をつかみ、これに見合った正しい処方箋づくりが必要である。油断、見栄、エゴはご法度、必要なのは愛、忍耐（ねばり）、研究と冒険である（砂漠緑化のさむらい）。

⑧　森林環境に対する住民意識の国民比較で「あなたが旅行するとしたら、どこに行きたいか」の問いに、ドイツ人は「深い森林」が圧倒的多数を占めた。しかし日本では森林の人気は惨たんたる有様、とくに東京がひどいという結果が出た（黒い森林）。

⑨　森林に降った雨は、地中でカルシウム、マグネシウムなどのミネラルと化合し、水の味を高めてくれる。

水資源の確保に森林・緑のダムの活用が期待されているが、育てている森林のとなりで、緑の樹々を伐採し、重機械でスポンジのように水をすいこむ地表の土壌を固めている。矛盾点、問題点の点検が望まれる（森林がつくる美味い水）。

⑩　阪神大震災から五年が流れた。その昔わが国某公団の技術者は八九年のカリフォルニア地震での高速道路の被災を見て「日本の技術レベルでは考えられない事故」と大見栄をきったが神戸でもその期待は裏切られた。人間いま少し謙虚でありたいものだ（阪神大震災に思う）。

⑪　大地～土壌におろした根は逞しい。縦横三〇センチ、深さ五〇センチの生育箱に播いたタネは、四ヵ月後に地上部の高さ五〇センチ、茎の数八〇本を数えたが、地中の根は支、細根併せて一三八〇万本、合計延長は六二〇キロメートルに達したという実験がある。この根を守り育てるのが土壌である。健全な土には健全な根が宿る（縁の下の力持ち）。

⑫　一般に日本の公共事業は、いったん決定されると少々の情勢の変化があってもこれを貫き通し予算は使いきってしまう傾向が強く、行政の面子にかける意気込みたるやすさまじい。しかしこのカネは国民の血税ですぞ（公共投資を考える）。

⑬ 水田は単に米づくりの場所だけでなく、水資源・地下水の貯蔵庫でもある。かつての日本はどこを掘っても地下水が湧いて良水の井戸として利用された。それは水田が広く分布していたからだ。しかし今は…。水行政には将来の展望が必要である。その場あたりの農政がもたらす休耕田、喉元過ぎればの行政では困ってしまう（水田はダムか）。

⑭ 沖縄には国頭マージという赤い土が分布しているが、五〇年代の後期、パイン畑の開発から侵食がはじまり、美しい珊瑚礁がこの土に覆われて死滅する現象がおきている。土壌侵食は世界的に大きな問題になっているが無雑作にこれを許すのではなく、一定の目標を決めこれに近づける努力が必要だ。そうしないと唯一残されている琉球の美しさは消えてしまう（汚れゆく沖縄の海）。

⑮ 公共事業の推進には企業の技術者、コンサルタント、官公庁のお役人～公務員がそれぞれの立場で深くかかわっている。明治以降、この国の建設・農林部門は技術の面でも国が優位を保ち、民間はこれに隷属していた。しかしいまこれが完全に逆転している。技術についていえば、技術者は民間、国ともに平等の立場にある。ただ会計検査院のことばかり気にして仕事をしている輩がいることは残念だ（技術者・コンサル・お役人）。

⑯ 土壌の内部には、ミミズなどの土壌動物とバクテリアなどの微生物が棲み、これが有機物を食べつくし汚水を浄化している。この力を利用して家庭から排出される尿や雑排水を浄化する簡易下水道、新見正氏が開発したいわゆるニイミシステムが、農村集落、村の小団地の浄水に注目を集めている。浄化力、コストともに素晴らしい方式なのに、厖大な費用と供用開始までに多くの時間がかかる公共下水道（建設省）、農村型下水道（農林省）の力に押さ

れて普及が遅れているのはいかがなものか。為政者は学習を重ね真にいい工法をとりあげるべきである（汚水を浄化する土壌）。

⑰　人類は土壌が肥沃で、そこで人々を養っていける間は文明を開花させ定着させた。そして一旦土壌が劣化すると文明は例外なく崩れ去った。これは世界の歴史が証明している。地球上の耕地は、現在無機の化学肥料の使用で息ぎれをおこし、有機（堆肥）を求めてあえいでいる。地球文明に活を入れたい（劣化する地球の土壌）。

⑱　筆者がひい気にしている店（第一章の環境サロン「C」「S」）は今宵も地球環境保全に関心を持つ客で賑わっている。ここでの土壌にまつわる話である。泥田の中で糸を染める大島紬の泥染め、店に並べられた陶器の名品、一方信州の名門、長野県立長野高校野球部の甲子園記念のグランドの土に流した涙、土にまみれて楽しんだ黒姫山森林レク、人間と土のかかわりは深い。

土壌圏——土に生きる

古代ペルシャ人は、最後の盃は大地に注ぎ、やがては自分達の永久の生命を托す土を祝福したという。

一九八八年九月二九日、ソウル・オリンピックの陸上女子一百メートルで、テープをきったあと大地に跪き接吻したジョイナー（米国）の姿が脳裏を離れない。

昨年、女性宇宙飛行士、向井千秋さんの活躍で改めて脚光を浴びた宇宙圏に伍して、いま土壌圏という言葉が台頭し、厚い眼差しを浴びている。

土壌圏——地殻の表層部の僅か一～二メートル、地球をサッカーボールに例えると、表皮どころかエナメルのごくごく上面に、五〇億もの地球人の生命が支えられ、定着しているのだから驚きだ。人間と土壌との関わりは長く、そして古い。

現実に人々はこの大地に脚をつけ生きている。森林はその根系を地中におろし、地球環境の保全に大きく貢献している。大農場より家庭菜園まで、朝夕食卓に供される四季折々の生産物も当然この土壌を介しての贈り物である。土壌の持つ効用は深くそして大きい。

近年気に入らない言葉に３Ｋがある。きつい、危険、汚いである。バブルの崩壊で就職戦線も買手から売手市場に逆転したが、残念ながら依然として若者たちの3Kを避ける風潮に変りはない。

前の二者、きつい、危険は適正な労務管理、安全管理技術の導入でその改善は十分に可能であろう。しかしこの地球を支える土壌を汚い呼ばわりされたのでは、青春を賭けてこれと取組み、地球の保全のために体を張って生きてきた筆者は浮かばれない。

わが国には元来土壌に対する尊敬の念はなかったのではないか。率直に言って侮蔑してきたとしか思われない。「母なる大地」という言葉は存在しなかったのだ。土下座、泥仕合、泥水稼業、土百姓、泥棒など、土壌(泥)をさげすみ、卑下する風潮が伝統的に存在したと思えてならない。しかしこれではいただけない。

土壌は神聖・崇高という言葉を用いたくはないが、人間にとってかけがえのないものである以上、それぞれの目的に合った整備・保全こそが望まれる。

その一例、いささかシーズンオフの感は免れえないが、昨秋日本人が最も愛する秋の味覚マツタケは読者の食卓にいかほど供されたであろうか。

このマツタケ、アカマツ等の細根と共生する外生の菌根形成菌が、土壌のなかに広がる「シロ」と呼ばれる菌根、菌糸より発生する。

だからマツタケ山には、この菌根が形成され、繁殖するのに適する条件が必要となる。つまり表土は深さ一〇センチ以下の痩せ土、空気の保有量は大きく粘り気が少ない。当然水はけも良好で、PH四・二という酸性土壌（中性は七・〇）が望ましい。もちろん菌糸がよろこぶ珪酸の含有量が多い花崗岩、石英斑岩などを母岩とするアカマツ林がよい。

さて近年、国産のマツタケは不振そのもの、その要因に異常気象等が挙げられているが、忘れてならないのは、都市の一極集中化、山村の過疎化に伴う農村の文化ともいうべき肝心の里山の放棄、手入れ不足がその元凶だ。

バブル以来、日本の自然は目先きの事象にのみ眼が眩み、数多くのものを失ったが、その一つに土壌がある。いまこそその復元に力が尽くされなければならない。

「外国産の微塵切りのマツタケ御飯に感激していて、なにが大国ニッポンか、なにが文化国家なのだ」

と喝破した友人の言葉はまさに傾聴に値する。

山崩れ災害

「本当にようよう降りよる。七十年間この山に住んで、こんな大雨は初めてじゃ、なんぼ降りよるかはかってやろ」

そう呟いてやおら立ち上った老人は洗濯盥と目覚し時計を用意してしのつく雨に取組んだ。

一九五三年（昭和二十八年）六月二十八日、梅雨前線の停滞による集中豪雨により大災害を被った和歌山県有田川上流のとある山村での話である。

この豪雨のため流域全体は山容改まるほどの山崩れ、土石流の発生をみて、山腹斜面から崩落した大量の土砂は、深い谷を埋めて天然のダムをつくり、これが破堤して二次災害をひきおこすというおまけまでついた。

この災害のメカニズムの解明に、前記の科学した老人の観測結果が見事に活きて、政府（科学技術庁）より表彰を受けたのだ。さしずめ防災功労者第一号と言えよう。

山地の自然条件は複雑多岐、いまでこそ各流域の要衝にはアメダス、ロボット雨量計が広く設置されているが、当時としては画期的な行動ではなかったかと感銘を新たにする。

山地における事情は平地とは異なる。技術部門の司法試験とも言われる技術士法（科学技術庁所管）にもとづく昨年の本試験（森林土木）では、「森林土木と一般土木との違いを述べよ」が出題され注目を浴びた。平地の理論では解明できない事象が山地（斜面）には数多く潜在しているからだ。

土砂崩れは一般に斜面の土の重さと、斜面の傾斜で決まる「下向きの力」、そして地中に浸透した水が地中の基盤――固い層にぶつかって上に押し上げようとする間隙水圧が、土の持っている粘着力と摩擦力などの抵抗にうち克った時におこる現象である。

大量の雨が地中に浸みこめば、土の重さが増える一方、粘着力が小さくなって、下向きの力が優勢になり、土砂崩れをひきおこす。

政府の発表によれば土砂崩れの危険箇所は全国で一五万カ所もある（防災白書）というから大変だ。

よく見かける光景に斜面の下部、山裾に住む人が小屋などを建てるため山脚を削りとって平地を拡張しているケースがある。

このような欲ばった行動が斜面の平衡を崩して土砂災害の発生に一役買うことになる。

地球上の生命にはそれぞれ寿命があるように、山腹の斜面――山肌にも寿命がある。これを知るために電機会社がタングステン電球の断絶を分析するのと同じ方法で予測する方式（オメガ法）が行われているのは興味深い。

世界防災会議でオーストリーを訪れたとき、各地域ごとに山地災害危険予測図（ハザードマップ）が公表されていることを知って感銘した。

住民の人命・財産に勝るものがない以上、これは当然のことに違いない。

危険度の信憑性は必ずしも高くないとの声もあるが、これは技術を磨いて精度を高めていけばよい話。どこかの国のように危険地区を公表すると不動産価格の下落につながるとの理由からか情報が公開されていないのはいかがなものか。まさに主客転倒の思いは深い。また森林地帯は山崩れが少ない。樹木の根系が土壌をがっちりと緊縛しているからだ。しかし根系よりも深い部分からの崩壊には役立たないことを知っておく必要がある。

最近目につく「この奥で防災工事施工中」なる企業の麗々しい看板。住民が望むのは、空気・水に似たさりげない公共事業である。

いかにＰＲの時代とはいえ、奥地の工事が斉々と施工され、知らないうちに完成する。これが文化国家の公共事業だと思うが如何。

長良川

これは友人、岐阜大学教授のＫさんから直接耳にした話である。

はじめて出向いたある教室での講義の冒頭、数人の女子学生からこんな質問を受けたという。

「先生、長良川河口堰は反対、賛成のいずれですか」

彼がしばらく黙していると、彼女たちは声をあげた。

「先生の返答次第では、先生との接し方を考えなければなりません」

近年ノンポリ学生が多いとされている中で、この問題は学内でも極めて大きな関心事であった。

そして二十七年間に及ぶ反対派、推進派の熾烈な闘いも、五月十三日、野坂建設大臣の「運用開始」宣言であっけない幕切れとなった。

治水～洪水防止、利水～東海地方の水需要・水資源確保、海水の流入防止～塩害の阻止など、最後に持たれた双方出席の八回に及んだ円卓会議でも意見は平行、決裂した。

当初からこの問題に深い関心を寄せ、見守ってきた筆者にとって感慨は深い。しかしそれが決着した現在、多く語ることを差し控える。

ただ二十四日朝のテレビで「あれは東京の自然保護グループが騒いだだけ。賛成の地元民の声をマスコミはもっと取りあげるべきだった」と、ヒステリックな声をあげたニュースキャスターには驚いた。

冒頭の話でもわかる通り、地元にもこの推進を憂うる多くの反対者がいたことは容易に想像できよう。

筆者も三重県北勢の出身である。伊勢湾工業地帯から垂れ流された工場排水、四日市ぜん息に代表されるあの公害に長い間悩まされた市民の皆さんを数多く知っている。

身内のことで恐縮であるが、母もこの街を離れず、コンビナートから排出されるピンクと黄色の煙をみつめ、伊勢弁で「あの煙はなんとかならんの」と咳ながら、昭和四十八年、肺ガンで死去した。この街の人々、自然環境に対する思い入れは人一倍強くするどいのだ。

長良川河口堰の建設が閣議決定をみたのは、昭和三十年代、当時の日本はまさに公害のさなかにあった。いま時代は大きく変化した。しかしこの問題反対運動が展開されている中にも、工事はどんどん進行し、最後の話し合いも、既に完成をみた堰を背後にしてのことだった。

これでは建設大臣——社党出身の野坂さんも「国民の血税、立派な公共事業です」と、言いきらざるをえなかったのではないだろうか。

ぎこちない印象の大臣と好対照に、反対派代表の天野礼子さんのコメントは落ち着いていた。今後の地球環境保全のひとつのエポックを画したものと高く評価したい。

この河口堰とはやや異なるが、工事が進行しているという面では、同類項としてくくられるであろう世界都市博、気にしていた青島都知事の最終決断「中止」を耳にしたのは、カリフォルニア州・エンゼル国有林内の宿舎であった。

長い間親しく交遊を続けてきた日本通の森林官から「おめでとう。日本の民主主義もこれで本物だ」と握手を求められ、わが意を得たりと嬉しかった。

これについては、ここで多くを語るまい。ただ、都知事の公約実行もさることながら、バブルの最盛期に決定した湾岸副都心開発問題――。都心のビル不足解消をねらいながら、多くの企業がすでに撤退し、筆者の住む芝浦周辺にも数多くの空室が目立つ。この珍奇な現象をどうみればよいのか。

それにしても、青島知事が中止を決定すれば不信任決議を、と息まいた都議会は、いまそれをしないという。この節操のない政治家の氏名をマスコミはすべからく公表すべきだ。

ドングリはどう播くか

天地人、智仁勇、真善美、石の上にも三年、三人寄れば文珠の知恵など、ものの基本は三つであると整理すると理解しやすい。

そう教えていただいたのは、緑化工学の泰斗倉田益二郎博士である。教え子が調査研究を進める場合、一つから二つしか掴めていなければ、いま一つ大切なことが欠けていまいかと助言する。

四つ五つと多い場合は、三つにしぼって余分な因子を整理したらと諭されるのも先生だ。

地球上の裸地、荒廃地を緑化し、環境を保全する緑化工が、一般の土木工事ともっとも異なる点は、活きもの（植物）を用いることである。

土木構造物はその性質から、施工直後より目的とする効果を発揮するが、植物を用いた工法（緑化工）では初期の効果は少ない。

しかし植物の生育、繁茂にしたがって効果は上昇し、永続的な防災効果を発揮する。

三つの基本。タネが裸地に播かれ、発芽するためには、①発芽に十分な水分②土中の酸素③発芽に必要な温度の三条件を整える必要がある。

また植物の生長には、①光（太陽）②炭酸ガス③養分（肥料）があげられる。

つまり植物の生理、生態を理解し、それに見合った条件を整え活用することが大切だ。

前記の倉田博士は、クリ、ドングリの苗を育てるには、どんなふうにタネを播いたらよいか、学窓を出て日の浅い頃にはよく判らなかった。

結局ある研究所の文献（実験結果）「とがった方を上に向けて播く方が、その逆や横にするよりも、発芽や苗作りにはよい」を参考にしたという。だがいろいろと自分で試してみると、タネを横にして播く方が一番よく、直立、倒立播きは極めて成績が悪いことが判明した。

つまり前記の研究結果は全くの誤りであり、「直立播きがよいのは、地温でタネの尻が温まるからだ」の理由は滑稽以外の何ものでもなかったのだ。

こんなタネ播き方を根気よく実験し、これまでの誤りを見つけ、ようやくその正しい方法を探しあてた先生は得意満面であった。

しかしある日、何気なくタネを机の上に置くと、タネは全部横になるではないか。頭脳にピーンとくるものがあった。そこでタネを空中高く投げつけると、どのタネも横になって転がった。

クルミやトチの実、その他種々の大粒のタネを放り投げてみた。こんな実験をくり返した結果、投げて落ち着いた姿がもっとも自然で、それがそのタネを畑に播く時の理想的な播き方なのだと気がついた。

「自然は正直である。」「自然こそ偉大な研究室」、そして「知識は事実以外の何ものからも得られない」ことを信じるようになったのは、この実験がきっかけであった。

緑化工はいまや百花繚乱、さまざまな工種・工法が市場を賑わしているが、いずれも一長一短があり、決して万能のものはない。現場の特性をよく調べ、その土壌・気象などの条件に見合った方式の採択こそ必要である。

昭和五十八年、海軍兵学校で有名な広島県江田島の山火事は、一八〇〇ヘクタールの山林を焼きつくした。その跡地に新しい森林を人工的に造成するため、ヘリコプターから種子の散布を行ったが、なんと「種子を播いた地区よりも、種子も播かずに放置していた地区のほうが緑化が進んでいる」ことが、地元H大学より発表され論争を呼んだ。

ここで大切なことを三つ。①面子にこだわらない②非は非として認める③失敗は隠蔽しないことをあげたい。

大切な地球の緑化のためにも、この原則は貫きたい。

森林づくり

一九六〇年（昭和三十五年）、オレゴン州の紺碧の天を衝く米松の林を背景に、へんぽんとひるがえる星条旗の下でアメリカ国有林の使命を熱っぽく語ってくれた端正な制服姿のE営林署長の感動に満ちた言葉を、今も忘れることはできない。

国有林の五大目標①水資源確保②木材③野鳥獣保護④森林レクリエーション⑤飼料供給――そのすべては新鮮であった。なぜなら当時の日本は公害の最中にあり、国有林は木材生産のみに狂奔していたからだ。

かつて我こそは真の森林技術者、そう自負していた技術者集団、そしてそれが支えていた国有林野事業（特別会計）は、いまや猛烈な赤字経営に転落した。

経営破綻の原因は、木が若過ぎたり、地球環境保全等の観点から特別会計の収入源としている伐採量の減少に加え、木材価格の低迷、そして何よりも過去の森林整備等に使った借入金返済と利息支払いのための借金の膨張が原因だ。さらにそれが連鎖反応を呼んで新しい借財を生み続け、いまや政治的解決という抜本的改革がない限り、この泥沼から這いあがる保証はない。

一九七二年（昭和四十七年）、林野庁は日本の森林の価値、とくに森林の持つ公益的機能の計量評価を行い、その額を一年当たり当時の金で十三兆円と発表（中間）した。

清浄な水、酸素供給、大気浄化、保健休養、野生動物保護、土砂災害防止などその内容は広く国民の共感を呼んだ。

そしてその中で、列島の脊梁地帯に位置する国有林は、いまはもう死語になった「山紫水明」の復元の決定権を握るものと高く評価されたことを筆者は憶えている。

しかしこれとは裏腹に当局は、事業特別会計の収入確保のために、土地の売り払い、木材生産等の収入・人員の削減でこれに対応すべくいまも汲々としている。

筆者は思う。このことで徹底的に欠けているのは、森林づくりには金がかかるというごく当たりまえの認識であると。

森林を維持するにせよ、育てるにせよ、労力と時間がかかるのは必定。だから前記の森林の持つ公益的機能に対する国民の期待・要請と国有林野事業の現行の政策に、あまりにも大きな乖離があることを痛感する。

国民が森は不要というのならともかく、現行の経済合理性を第一義とするこの考え方は、まさに大国にあるまじき貧しい発想ではないかと断じたい。

かつての国有林は、重要水源の民有保安林を買い入れたり、地域森林・林業経営のパイロット的存在であった。

しかし苦しい台所事情は、珠玉ともいうべき貴重な森林伐採に着手し、地域住民、自然保護グループ等からの反対にあい、いずれも手を引いて今日に至っている。

老齢過熟林分の若返りなどの理由はあったが、いずれも説得力に欠けるうらみがあった。知床、屋久島、傾山、白神しかりである。要するに森林でもうけようとする方式はあっさり捨て、森林はカネをかけても守っていかねばという思想への転換がいま問われている。

先般、人類の自然遺産屋久島を訪ねた。

花の江河―宮之浦岳―縄文杉―小杉谷のコースを辿るなかで、案内の営林署のOBが呟いた。

「荒廃したこの歩道が恥ずかしい。国有林にはこれを修復する技術を保有しているが、肝心の予算がない」

これも特別会計の恥部である。

温存する技術を駆使して、人類の遺産である素晴らしい森林を守り維持する。そうでなければ七千年の風雪に耐えた縄文スギに申し訳が立たない。

土壌のない学校

マレーシアに駐在当時、文化交流で訪れた東京都心の小学生が、熱帯特有のラテライト性の真っ赤な土と、これに続く燃えるような緑の芝生でサッカーに打ち興じる島の子供たちに接して羨望の声をあげた。

高知の孫が東京に遊びに来て、近所の小学校の運動場に連れていったら、アスファルトの舗装に驚き、走るのをためらった。

子供たちの情操教育に、自然——緑と土が大切だと叫ばれて久しい。それがないと、子供たちの心は乾いてしまうと訴える識者も多い。

「王様の耳はロバの耳」という有名な民話（ユーゴスラビア）をご存知か。王様がロバの耳を持っているのをみた床屋が、そのことを誰にも話してはいけないと命令される。誰にも話すことができずに、一人で悩み苦しむ彼は、土に穴を掘って、その中に向かって大声で「王様の耳はロバの耳」とどなるのである。

ここにはすべてを呑みつくしてくれる大地——喜びや悲しみの訴えを聞いてくれる土がある。しかし東京の子供たちには悲しいかな、それがない。

都市で自然・緑・土の重要性を次の世代に正しく伝えていくには、家庭、社会、学校の三つの場が重要で、とくに児童、青少年がこれらの運動の担い手となっていくことに特別な意義があると説く日大勝野教授は、自然教育推進のプロモーターである。

しかし東京の現実は、これとは全くほど遠い距離にある。あれはいつだったか、東京都港区の区政モニターの応募に「現在の区内小学校の運動場をすべて土にかえし、素足の導入」を提唱したが、何の反応もえられなかった。

友人が言った。

「土にかえせば、雑草が生える。草むしりは当然PTAの負担になってしまう」

草むしりも自然に親しみ、自然と共存する子供たちにとって素晴らしい教育の場と思うのだが、それは果して間違いなのだろうか。

ドイツの学校では教育の一環として、自然と親しみ共存する試みが行われている。ビォトープという言葉はともかく、校庭に自然がつくられ実践活動が進められている。それは必ずしも大規模なものではなく、児童たちの力や学習に合わせた内容なのだ。

ドイツの例をひけらかす気持ちは毛頭ない。筆者が過ごした三重県四日市市立富田小学校(国民学校)も、校内に小池があり、カメ、コイ、フナが生息し、校舎間には花壇が設けられ四季それぞれに美しい花々の演出がみられた。そしてそれが筆者の自然観の支えになっていることは間違いない。もっとも太平洋戦争の熾烈化に伴って、これらは食糧増産の甘藷畑になってしまったが……。

筆者はいま東京芝浦に住む。「こもれ日のあるやさしい街」をキャッチフレーズに、水辺の街は行政の努力で整備されているが、いただけないのは、特殊設計制度やらで高層ビルが建てられた周辺の小公園のグラウンドが、いずれもコンクリートやタイルで、完膚なきまでにびっしりと敷き詰められていることである。

いまJR田町駅東側の一角にNTTグループの手で再開発事業が進められている。この計画の説明会が、港区芝浦港南センターで開かれた折り、「土にまみれて遊べる子供たちの公園をぜひ」と強い要請が母親たちから打ち出された。担当者は異口同音、「鋭意検討を」とお役人言葉に終始したが、その真価はこの実現で問われるのではないか、看視を続けたい。

砂漠緑化のさむらい

地球の荒廃化が現在ほど叫ばれている時代はない。地球温暖化、熱帯林の消滅、砂漠化、飢餓……。

過日の講談社主催「砂漠緑化シンポジウム」の席上、パネラーとして発言を求められた遠山正瑛博士（鳥取大学名誉教授）は「シンポジウムもよいが、こんな金を使う余裕があれば、講談社の森林を世界の砂漠に造ってほしい」と述べ、満場の聴衆にやんやの喝采を浴びたという。

遠山博士、八十八歳。緑維新の旗を掲げ砂漠緑化の実践活動に挺身されるリーダーである。体力、気力ともに矍鑠、その信条は「つべこべ言いながらいたずらに手をこまねいていては何もできない。実践し実績を示すことからことは始まる」とその声は逞しい。

筆者も中国を除く、世界の砂漠を遍歴してきたが、そこにみるのは、貧困、飢餓、戦乱であった。日本人にとって砂漠は、かの童謡「月の砂漠」の幻想とロマンを連想させるが、現実は決して尋常ではない。砂漠の国の抗争は民族の対立と宗教だと断定する識者もいるが、根底にあるのはまさに貧困ではないか。

現在国連の統計によれば、地球上で毎年六〇〇万ヘクタール（これは四国と九州の面積に相当）が過放牧、過耕作、薪炭材不足を補う過度の伐採で砂漠化しつつあるという。ここで興味をひく寓話がある。国立U大学のN教授がかつて国連に勤務中、新任の計画局長が部下を集めて、広大な砂漠化面積の根拠を尋ねたところ、誰ひとりこれに答えられなかったという。

ただ筆者のみる限り、砂漠拡大のすさまじさは疑いのない事実である……。

かつてはサハラなど北アフリカ、西アジア、アラブ諸国の砂漠は、緑滴る森林であった。元来、土と植物を巡る物質循環が安定している限り、土は現在のまま推移する。しかしこれがいったん断ちきられると急激に悪化していくのだ。そしてこのバランスが崩れると土は不毛の土地へと逐次変化していく。

つまり水収支——降った雨より地面からの蒸発量が大きいときに砂漠が生じる。降雨量より蒸発量が大きいとはちと考えにくいが、周辺に降った雨が地下水となり砂漠に供給される場合がそれである。

そしてこのような悪条件の砂漠の、有機物・微生物のいない乾燥しきった土に対し、砂漠緑化への闘いが各地で展開されている。

土壌水分センサーを利用した植物の必要最低量の点滴、高分子吸水性樹脂（保水剤）投与、クズの繁殖、塩分除去による塩害対策がそれだ。

この砂漠緑化に対し、「砂漠対策はお遊び」「砂漠は安定した自然」を旗印に、緑化を疑問視する声（槌田敦氏）も高い。

地球では養分のある土から植物が育ち、これが枯れて微生物によって分解され、さらに養分のある土に戻るというのが循環である。砂漠ではこれが貧弱であり、劣悪な気象条件も加わって、植物が生き続けられないのがその理由である。

世界の砂漠は広い。だから本格的な砂漠は避けて、地下水等の豊富な半砂漠地帯より緑化をとの声も高い。

遠山博士が現在取組んでいる砂漠も、上部にアルタイ山脈が走り、融雪水が地下水となり緑化に役立つ格好の地である。

砂漠緑化はロマンのみでは達成できない。現地の条件を科学的に精査し、植物の生理条件に見合った処方箋づくりこそ必要である。

そこにあってならないのは、独断・見栄・エゴ、必要なのは愛・忍耐・研究と冒険心。

まさに乳幼児を育てる母親そっくりなのだ。

黒い森林

コロラド川（アメリカ合衆国）の上流、シェラネバダ山脈の奥地水源林視察の帰途、小型飛行機でロサンゼルスに近づくにつれ、住宅の周辺に宝石エメラルドを連想させる楕円形の附属物が点々と目を射る。

「あれは？」、筆者の質問に機長は突然機首を下げ、大声で叫んだ。「家庭用のプールです」

ロサンゼルスは砂漠の街。年間降水量は僅かに四百ミリ余とわが国平均値の四分の一にも満たない。だからここの水資源は、前記シェラネバダの融雪水をフーヴァーダムに溜め、延々と続く導水路でカリフォルニアの都市に運んでいる。

人間が一日に使用する水の量は、一人三百リットル、アメリカの場合、プールの水量までカウントすれば、当然これを大きく上回るはずだ。口惜しいけれど、アメリカはやはり偉大である。先週の「森林がつくる美味い水」に対し、味はともかく、昨年の四国、早明浦ダム濁水に懲りて、「四国山脈という大きな山体を持ちながら、四国三郎（吉野川）があの程度の日照りで枯渇した理由は」と尋ねられ、森林の水源涵養機能に対する率直な疑問と受けとめた。そしてとっさに脳裏に浮かんだのは、日本の黒い森林、緑の偉力を秘めた強力な山々の消滅であった。

森林生態学者四手井博士の「森林環境に対する住民意識の国際比較」で「あなたが旅行するとしたら、どこに行きたいか」の問いに、ドイツ人は"深い森"が圧倒的多数を占めた。しかし日本では森の人気は惨憺たる有様。とくに東京でひどいとの結果が出た。ドイツには有名な『黒い森』がある。かつてこの森を彷徨い、樹々と対話した感動がいまも筆者の体内には脈々と息づいている。森を支える土壌も保水能力を秘めた、惚れ惚れした土だった。

当然、日本にも黒い森林はあった。筆者がこの仕事を「天賦の職」と決めスタートした宮崎県飫肥地方（日南市）の国有林も例外ではなかった。しかし伊東藩が育成した見事な老杉も、南国の雨と太陽を受けて育った昼なお暗き照葉樹林も既にない。

だから昨年夏の苦い体験に照らしても、日本列島に黒い森の復元は急務なのだ。講釈やスローガンはもう真っ平、今こそ決断と実行の秋だと断じたい。

その対象地は列島の脊梁山脈、奥地水源地帯を占める国有林こそ本命だ。

この国有林、すでに特別会計が倒産企業の様相を呈し経営は危機に瀕している。

今日までの繰越欠損金はなんと一兆二五〇〇億円にも及び、七八年以降数度にわたる「経営改善計画」も改善を目指して進めてきているが、いずれも計画決定後僅か数年でことごとく破綻している。

その原因は地球環境保護のための足枷――林産物等の収入では人件費すら賄えず、さらに林野庁と営林局署員が、無報酬で一年間働いても、借入金償還の支払い利息に達しないという背景がそこにある。このままでは、じり貧は必至である。

だから国家百年の大計のためにも、清水の舞台から飛び降りる覚悟で、政府は内外の歴史に照らし、治国治山の精神で改革の断行をお願いしたい。

山づくりには人手がかかり、時間もまた必要だ。人員の削減、土地の切り売りなど、その日暮らしや不動産屋まがいの経営には明日はない。

「次は私が長官、それまでは改革を待ってほしい。――長い間そんなムードがあったのでは」と喝破した識者がいた。まさかと思うが、これでは一般国民も森林も浮かばれない。

森林がつくる美味い水

平成水飢饉と言われた昨年夏の酷暑と渇水は、三〇年前、東京オリンピックの年の東京砂漠を彷彿させてくれた。炎暑のさなか三カ月に及ぶ給水制限、あの強いられた我慢とあきらめは、悪夢以外の何ものでもなかった。

地球上にはおよそ一四億キロリットルの水があるという。

これは平均水深二七〇〇メートルで地球の表面すべてを覆う量に相当する。地球が水の惑星と言われるゆえんだ。

このうち九七%が海水で、淡水は僅かに三%、その七割が南極・北極の氷だから、地下水を含め河川、湖沼の水として存在する淡水は、地球上の水の約〇・八%に過ぎない。

このように水資源として利用できる淡水は少ないが、一定の量が絶えず地球上の海洋、大気、陸地の間の循環を繰り返している限り取りつくす心配はない。

しかしこの水も、地域により異なる降水量、地表の状態によって、利用可能量には大きな差異がある。

加えて近年、地球は怪しくなっており、酸性雨の襲来など予断を許さない状況にある。

わが国は世界でも有数の多雨国、年間降水量は一八〇〇ミリと世界の平均降水量の二倍を示す。しかし人口一人当たりの年平均降水量は、五五〇〇ミリと実に六分の一に過ぎないのだ。降水量はまた季節により大きな差があり、毎年どこかに渇水が訪れる。また近年は少雨期。そして日本列島の急峻な地勢は、降水を直接海に流出させる。明治初年、わが国の治水工事の指導で来日したオランダの技師、デレーケは、立山に発する常願寺川を見て、「これは滝だ」と叫んだという。

わが国の年間降水量は六八〇〇億トン、このうち森林地帯(国土の六八%)に降る量五〇〇〇億トンは水資源の中枢を担う。

この雨、地表を流れ、地中に浸透し、蒸発散して大気に戻るという循環を繰り返すが、人間はこの過程を制御できない。

しかしこの速度を変えることだけは十分に可能である。森林は降水を地下に浸透させ徐々に河川に流出させる。緑のダムと呼ばれる理由はそこにあるのだ。

森林はまた土砂の侵食を防ぎ流出を抑える。だから森林からの水には濁りがなく清浄である。降水が森林を通って、林内雨、地表流、地中流となって最後に渓流に流出するまでに、窒素、燐酸など水中に溶けた物質は、土壌中に保留されたり植物に吸収されて除かれる。

また土壌の中の四七%という空隙をくぐり抜ける間に、植物の根系や土壌微生物の呼吸作用により生じる、大気中の炭酸ガスの数百倍もの濃度のガス（CO_2）に接する。

そしてこれが水に溶けるだけでなく、カルシウム、マグネシウムなどのミネラルと化合して、適量の炭酸水素カルシウム、マグネシウムとなり、水の味をいっそう高めてくれる。

昨年の水飢饉に懲りて、四国などでは海水の淡水化が話題になっているが、かつて中東滞在中にこの水と過した筆者にとって、「日本よ、お前もか」の感を深くする。

美味い水とともに生きてきた日本人には合わないからだ。

水資源確保に森林――緑のダムの活用が叫ばれて久しい。しかし同じ流域で水源林を造成しつつ、隣の林地で伐採し重機械で地表を荒らしている愚だけは、少なくとも避けなければならない。掛け声だけの水源林づくりでは決して問題の解決にはならないのだ。

そして都民の皆さんも、朝夕水道のカランを開く度に、水源を守る人々にどうか思いを馳せてほしい。

阪神大震災に思う

一九五九年（昭和三十四年）九月二十六、二十七日、東海地方に猛威をふるい、五〇九八人もの死者、行方不明者を出した伊勢湾台風。

今後少なくとも今世紀には、これを上回る犠牲者は出さないと心に誓ったはずだった。

阪神大震災はこの記録を塗りかえたばかりか、日本の耐震技術に水をさす結果とあいなった。

諸先輩の安否を尋ねて、瓦礫のなかを這いずりまわった筆者は、死者の九割が圧死という惨状をまえに思わず目を覆った。

そして今さらのように知ったのは、自然の脅威に対する人間の力の儚さであった。

この地震による埋立地・神戸ポートアイランドの地盤の液状化をみて、八九年十月十九日、カリフォルニア州サンタクルーズ北東部を震源とする、M（マグニチュード）七・〇のロマプリエタ地震の被災地を歩いた思い出が甦った。

この地震、震源から一〇〇キロ離れたサンフランシスコや対岸のオークランドにも及び、高速道路高架橋の崩壊、ベイブリッジの落橋など、今回の神戸同様典型的な都市型地震災害だった。

当時わが国某公団の技術者が、「日本の技術レベルでは到底考えられない事故」と大見栄をきり、「大地震の洗礼を受けていないのにいささか自信過剰では。人間、いま少し謙虚でありたい」と思った記憶がある。

そして気になるのは、現在しきりに進められているウォーターフロント、東京湾の開発事業である。

地震による地盤の液状化とは、震動で土の中の水分が平衡を崩し、どろどろのお粥状になったり、砂を噴出させて地盤強度を弱める現象である。もちろんその上にある建物等は被害を免れえないことになる。

地震による建物などの被害は、直接震動によるものと、地盤が破壊して建物が被害を受けるという二つのケースがある。

過去の地震で液状化現象が発生した事例をみると、新潟地震（六四年、M七・五、揺れの最大加速度一五九・五ガル）、宮城県沖（七八年、M七・四、二一〇ガル）、日本海沖中部（八三年、M七・七、二〇五ガル）がある。そしていずれの場合も被害額をみると、ガルが同じ程度であっても、液状化が発生した場合は、しない場合に較べて実に二〇～五〇倍にも及んでいる。

ウォーターフロントの埋立地は地盤が必ずしも均一ではない。バブル以降突貫工事で、建設残土もかなり混じっているらしい。

また造成後の時間経過も小さく、これが危険をはらんでいる。ヘドロなどの若い地盤は、液状化（噴砂）現象がとくに起こりやすいと、識者はことごとく、そして一斉に指摘している。

防災工事について筆者にはこんな思いが深い。一定の安全率で設計された工事（構造物）が、予定価格と落札価格の間に差を生じ、予算が余ったときなど、その安全率をさらに高めるための投資ができないものか。

人間には予期しえぬ自然のパワー（要因）が潜んでいることを今回の震災は教えてくれたからだ。

また画一的な工事の打破、現場技術者の創意工夫にも期待したい。公共工事の場合、会計検査（院）対策に汲々としていないか。

かつてある技術調査団の一員として和蘭《オランダ》を訪れたとき、チームの中のお役人がお国の会計検査の実態を尋ねた時のことを思い出す。

「われわれは技術者として十分な誇りと責任を持っています。会計検査（院）？　それは現金が合っているかどうかをただチェックするだけです」

彼らはそう言って胸を張ったのです。

植物の根——縁の下の力持ち

ここは英国ロンドン。古今東西の文化遺産を集めた大英博物館は、今日も世界各国からの来館者で賑わう。館内は黒白黄色、さながら人種の坩堝だ。年間の入場者は四百万人、まさに大英の名を冠するにふさわしい。

ここの分館、正面に向かって右側の地学博物館二階は本館に比べ静寂そのもの、来館者の靴音があたりのしじまをぬって耳に響く。ここでは今は昔、原始の海で生命が起源し、やがて海中で進化した植物が陸に上った時に獲得したひ弱（原始的）な根の化石に対面することができる。現在から約四億年前、シルル期の頃のできごとだ。

元来、陸上の植物群は、それぞれに花茎葉根等の器官を持っているが、水中、海中のものには根がないことをご存知か。陸に上った当時の原始的極まる根は、四億年という歳月を経て高等植物となり大きな発展を遂げた。

この根についてよく引用されるのが米国の植物学者H・J・ディトマーの実験である。

縦・横それぞれ三十センチ、深さ五十五センチの生育箱にライムギの種子一粒を十一月三十日に播き、四カ月後の翌年三月三十一日に掘り起こしたところ、生育したライムギは地上部（茎葉）の高さ約五十センチ、茎の数八十本、葉四百八十枚が数えられた。これに対して土中の根は、主根百四十三本、支（一次）根の合計三千五百本、三次根の数約二百三十万本、四次根約千百四十八万本、総計およそ千三百八十万本。

これを連結するとその長さは実に六百二十キロメートル、東京駅から東海道、山陽両本線を辿ると加古川駅まで。さらにこれらに毛根など各次元のすべての根を加えると、西鹿児島駅より北海道根室駅間一往復半というから驚きだ。

一方、土に接触している根の全表面積は六百二十平方メートル、これは茎や葉の全表面積の百三十倍に及ぶ。ダムの価値がその基礎にあるように、地上の植物の値うちは根にあるのだ。

「植物が原始の海から上陸し獲得した根、この働きは多彩である」と、植物学者の川田元東大教授は語っている。

根は「土を掴む能力」を持ち倒伏しないように支える。水分、養分を吸収する。ここで、水分は茎や葉で行われる光合成に役立つ。

これらの吸収は根の先端部で行われるが、そこには各種の植物ホルモンが生成され、このうちサイトカイニンは茎や葉に送られて葉緑素の保持に一役買う。根が傷つくと葉が黄変するのは、前記サイトカイニンというホルモンの欠乏が原因だ。

また根からはいろいろな物質が分泌され、土の中に生活している無数の微生物の生育に役立つ。また茎や葉が枯れても根はそのまま土中に残って、有機物、肥料分として土を肥やす。マメ科の植物では、根につく根瘤バクテリアが空気中の窒素を固定して肥料木となり、またサツマイモのように次代の繁殖のために養分を貯蔵するものもある。

人間は植物とともに生きている。花卉栽培、盆栽、家庭菜園等々、そのなかで地上部の姿に一喜一憂しがちだが、注目したいのは地中の、肉眼では見えない根である。例えば樹木の根は、直根が真っ直ぐ地中に入っていると考えられているが、岩盤などの固い層があればこれに沿って絡み合い横に走る。

根を守り、これを育むのは土壌である。

「健全なる肉体には健全なる精神が宿る」には例外があるが、健全な土には、健全な根系が繁茂し、それが植物の死命を制する。政治の場合も全く同じ、土壌――国民、根系――政治こそ根本なのだ。

公共投資を考える

この五月、「NGO森林と土壌の国際会議」出席のため、カナダ・バンクーバーに渡航、一宵クルージングを楽しんだ。

北緯五〇度に位置するこの地は午後八時まで明るく、つぎつぎに展開するウォーターフロントの景観を、甲板から愛でながら、「日本の海岸とどこか違うな」と考えているうち、ふと頭に浮かんだのは、この国には無粋なコンクリートの消波ブロックが見当たらず、これが美しい自然の立役者であることに気がついた。

北太平洋に臨むこの街。冬期の逆まく波浪は、わが国のそれを大きく上回るはず、それに加えてハリケーンの猛威も決して無視できないことを考えるとき、日本の海岸政策はどこかおかしいのではないかと直感した。

延々三万キロに及ぶ海岸線に累々と積み上げられているブロック群、万里の長城を髣髴させるコンクリート護岸、文部省唱歌「我は海の子」に見られた海辺の叙情は、いまや瀕死の重症である。

「あなたは何故山に登るのか」の問いに「山がそこにあるから」と答えたのは、かの有名なアルピニスト。しかし何故こんなにブロックを布設したのかに、公共投資の予算があったから、ゼネコンの×△組がいたから、では一般国民は浮かばれない。波浪による侵食防止工事に異議を唱えるものではない。

ただあまりにも無神経、無雑作に景観への配慮を欠いた工事に我慢ができないのだ。

話を再びカナダに戻そう。

今回訪れたブリティッシュコロンビア大学のキャンパス内の営林局に、景観の保全をつかさどる課があることを知った。

木材の搬出をはじめ地域の振興・開発に大きな役割を持つ林道、これを開設する場合、わが国では木材搬出コストに影響を及ぼさないよう、延長を極力短縮するなど、経済的な配慮が優先している（これが林道設計技術のポイントとなっている）。

しかしカナダでは、要所要所に素晴らしい景観が展望できるポイントを設け、快適なドライブが楽しめる配慮がなされており、人間と自然に極めてやさしいことを知った。この国、消費税率も国、地方分を併せてわが国の数倍に及んでいるが、人々はやさしく、GNPも遙か日本には及ばないものの、豊かな生活を実感していると異口同音、多くの邦人の話を耳にした。

それはスウェーデンでも同じであった。ストックホルムのバスは、車椅子が引きあげられる構造になっており、身障者が乗り込む際には、車内の乗客が一斉に手を差しのべるという美しい風景に遭遇した。そのなかに当然手助けが必要かとみられる老婦人の手があることに筆者は感激した。それに較べればこれはどこかの国の車内、シルバーシートに長い足を組んで悠々と座を占める若者の姿は目を覆うばかりである。

さていささか話が脱線した。

一般に日本の公共事業は、いったん決定されると情勢の大きな変化があっても、これを貫き通し、予算は使いきってしまうという傾向が強い。バブルの最中に決定され、都議の公約もなく、都民の知らないところで推進されてきた世界都市博も、そのひとつのような気がしてならない。いったん決定されると行政の面子にかけてもとする意気込みはまたすさまじい。

しかし大規模なプロジェクトを、中途で中止した事例はなくもない。山陰・宍道湖の閉塞事業である。

筆者はいま、松下幸之助氏の卓見「役所の予算は使いきるのではなく、効率よく使って目的を達した場合、職員に分配したら」を思い出す。

水田はダムか

アメリカ・テキサス州の、とある中小都市から届いた手紙。そのスタンプに「水に代替品なし」とあった。

「水はわれわれ生物の生命を維持するための、最低限必要なもの、これこそすべての生産活動、文化生活の基本であり、これに代わる他の物質はない。だから水の取り扱いは慎重に」

という警句と受けとめた。

人間ではじめて宇宙を旅した宇宙飛行士・ガガーリンの残した「地球は青かった」という感動の言葉を、筆者はいまも忘れることはできない。

実に一兆四千億トンの水を持つ「水の惑星」地球、昨年宇宙を飛んだ向井千秋さんも、この美しさを賛えている。

地球上の水は、海、湖沼、河川だけではなく、水田、森林の土壌にも大量に貯えられているのだ。

この地球にいま異変が起きている。宇宙衛星から夜の地球を見おろすと、三つの火が見えるという。ひとつは大都市のネオンサイン、第二は中近東の油田の地帯で燃える廃油の火、そして第三は、悲しいかな、開発途上国で森林を焼く火だ。

森林は水を貯える緑のダムと、かつてその水源涵養の機能を紹介した。加えていま忘れてならないのは水田の効用である。

水田は単にコメをつくるだけでなく、平地に降った水を貯え、これが常に土のなかに浸透して地下水となり、地球をうるおしているからだ。

「水と緑と土」（中公新書）で、評論家の富山和子氏は書いている。

「かつては日本中、井戸を掘れば、良質の地下水が湧き出て、水はどこに行っても得られる、恵まれた国土であった。それはそこに水田が拡がっていたからだ」

水田はダム。水田の水源涵養機能は十分に発揮され、地下を水でうるおし、川の水を供給してきた。

日本の川は、上流では森林によって水を供給され、下流では水田からの供給を受けたのだ。つまり農業は、水の消費者であるとともに、水の供給者でもあった。

元国立農業土木試験場の落合敏郎氏は「水田が直接的に地下水を涵養する量は、水深に換算して一日当たりなんと五十ミリにものぼる」という。

これに比べ富士山麓の、降水量が大きく、火山性土壌で透水性のよい条件下の地下水涵養量は、五ミリ程度なのだ。

このように水田はダムと言われる反面、農業ではイネの生育に必要な水量の、十倍の水を水路で導くなど、水の浪費者とみられる傾向は否定できなかった。このなかでいま大きな論争がまきおこっている。

昨年の猛暑と干害以来、市民の水がめが枯渇して、慢性的な水不足をきたし、毎日八時間もの断水を続けてきた福岡市は、市内を流れる河川から上水道用の水を確保するために、二百ヘクタールに及ぶ水田でのコメづくりの休耕を農家に要請したという。

「水田に水を張って、はじめて降雨のときに雨水が地中に浸透し、水の供給が行われる。休耕させては、河川や井戸の増水にはつながらない」との反発の声も高い。

福岡県は過去の渇水で、森林と水の基金制度を設けるとともに、水土保全機能強化モデル事業を推進するなど、再びこの轍をふまないよう決意したはずである。

しかし昨年来からの水不足、文明国として失格である。

その後、真剣な施策が本当にとられたのか。

「行政に憾みなかりしか」と問いたい。そして忘れてはならないのは、水行政についての真剣な対応である。

それには短絡的ではなく、将来の展望が必要である。喉元過ぎれば……」では本当に困ってしまう。

汚れゆく沖縄の海

敗戦後のあの暗い日々。日本が文字通り米軍の占領下におかれていた昭和二十六年（一九五一年）、アメリカのガリオア資金で渡日した沖縄からの留学生Jさんとしばらく行動をともにしたことがある。

日常生活のなかでたまに話題が地獄の戦場に及ぶとき、寡黙な彼は訥々とその一端にふれてくれたが、それはひめゆり部隊や太平洋戦争最大の攻防と言われ、沖縄戦の終焉の地となった摩文仁丘ではなく、島民の敗走の地獄絵図であった。犠牲者をしのび、彼の流す滂沱の涙をいまも筆者は忘れない。

その彼が時折り目を細め、にこやかに話してくれる自慢話に、美しい「沖縄の海」があった。国破れて山河ありを実感した。

沖縄が日本に復帰して間もなく、筆者は琉球の海に接し、想像どおりの、その美しさに息をのんだ。しかしそれも訪れる回数がふえるに従い、魅力が徐々に薄れていくことに気がついた。汚れが目立ちはじめたのだ。九二年二月、〝海外遠征〟を前に保養に訪れた際、万座ビーチから海底潜航艇サブマリンで海底散歩を試みた筆者は、沿岸遙かまで貴重な珊瑚礁が、赤い土砂で覆われている現状に驚愕した。

沖縄は湿潤亜熱帯のアジアモンスーン地域に属し、年間降水量は、平均二千五百ミリメートル、その雨あしは極めて強い。

加えて忘れてはならないのは、ここには国頭マージと呼ばれる雨による侵食性の強い赤・黄色の土が広く分布、そしてこの土が極めて容易に流亡して珊瑚礁を埋めることだ。

筆者にはこんな経験がある。インドネシア・スラウェシ島沖のT諸島の住民は、一人として侵食という言葉を知らなかった。

そこに無計画な開発の斧が入って数年後、子供たちまでこれを口走るようになったのだ。それは「わが輩の辞書に不可能はない」と言ったナポレオンの晩年を見る思いがした。

こちらは再び沖縄。前記国頭マージの赤い土の流亡が顕著になったのは、一九五〇年代の後期、パインの栽培に伴っての開発からだ。沖縄の農業史上、かつてない規模と速さで山地を重機で開発することから始まった。

沖縄では宿命とも言うべきこの自然条件に耐えて、土の流亡を守るための努力が長い間続けられてきた。

その一例。十七世紀以前の時代、ここではアワ、サトイモ等の栽培が行われていたが、農民は土砂の侵食を防ぐため、掘り棒を用いて穴にタネを播いたという。

土壌の表面の攪乱が少ないため、侵食に対する抵抗力を高める工夫が伝統的になされていたのだ。

耕地が山の斜面であることから、農民たちは地表を攪乱することが、厳しい土壌侵食につながることを既に知っていたのではないかと琉球大学の研究論文は述べている。

二十一世紀へのカウントダウンが始まったいま、ブルドーザなど重機による開発で、日本一美しい海がひそかに土砂で汚れてゆく現実を筆者は悲しむ。

土壌の侵食量は、地形、土壌、気象の各条件によって異なるが、日本では傾斜一五度以上の傾斜地の場合、年平均侵食土量は、草地・森林を一とすると、荒廃地・裸地ではその百倍に達するとの研究がある。

なにも土壌侵食をゼロにしようというのではない。その目標・許容される範囲にこれを留めてほしいのだ。例えばアメリカの場合、一年間、一エーカーあたり五〜一〇トンとしているように。

宮古島空港、屋久島の道路の拡張など、狭い日本を荒廃に導くプロジェクトはいまも跡を絶たない。地球人としての行儀を強く訴えたい。

技術者・コンサル・お役人

これはかつて米国東部に滞在中耳にした話。

ボストンで開催された米国電子工学会(IEE)創立百年の記念大会で、会長の講演に大きなセンセーションが巻き起こった。

「最近四十歳以上の技術者、とくにコンサルタント部門のエンジニアは、勉強する意欲が極めて低い。家庭や地域社会のこと、ゴルフ、麻雀、株式投資に没頭して技術の研鑽を怠っている。これは実にもってけしからぬこと。由々しき問題である」

と決めつけたのだ。

かけがえのない大切な地球環境を防衛する技術は、電子工学同様尋常ではなく、その途は険しい。

とくに自然環境部門の場合、定性的な場面が多いため、複雑多岐の現場条件を極める勉強が必要だ。

いいかえれば、それぞれの環境条件を理解し、それを凌ぐ技術を身につけなければならないのだ。

植物学の泰斗、草下博士（元国立林試）は、

「樹や草の名前さえ覚えれば、これで一廉の森林技術者を自負している近年の風潮は、いがなものか。水産の技術者は、魚の名前を知ることは当然、旬の時期、棲息の場所、料理のしかた、増殖の技術をマスターしてやっと一人前だ」

そういって森林・林業技術者に喝を入れられた。

日本には「適地適木」という言葉がある。

針葉樹、広葉樹を問わず、どのような地形・土壌・気象条件になじむのか、どんな効用を発揮させるのかの判断からことは始まる。

かつてスギが生長がよく、儲かるからと大地の母、水のふるさとであるブナをはじめ、多くの広葉樹を伐り倒し、そこにスギを植えるという方式が導入された。世にいう一斉拡大造林である。

その結果は、九三年の十九号台風で見るも無惨な風倒木災害をひき起こした。東北地方では、雪崩の常襲地帯にこの方式を用いたため、毎年冬の雪の崩落でスギが育たず、裸地化している山を数多く知っている。

これこそ愚挙、技術のみじんもそこにはない。

「日本にスギという木があったから、この国の林学は発達しなかった」

いまは亡き小田精氏・元日本林業技術協会理事長の言葉を改めて思い出す。

さて、これら技術・技術者について筆者はこんな思いが深い。

明治以来わが国の農林部門など一次産業の技術は、国が優位を保ち、民間はこれに隷属していた。

しかし現在、それは完全に逆転、近年民間の技術コンサルの台頭は著しい。そのなかで公益法人のコンサルの多くは、筆者の知る限りでは公益の業務はまったくの名目だけ、民間を押しのけ収益事業に汲々としているケースも目につく。

こと技術に関する限り、発注者、受注者、国、民間の上下はない。

さらに言いたい。それは官公庁の会計検査（院）に対する畏敬？ 率直にいって恐怖の感すら勘ぐられる体制だ。

実地検査の日程が決定すると受験の準備なのか、すべての対外的な行政事務がいったん停滞するという不可思議である。

前々回に、オランダ国技術者の心意気を紹介したが、わが国の場合も変わりはないはず。技術者としての誇りと責任が完全に忘れられているとしか思えない。

そして依然として納得できないのが、一部お役人の高慢・無礼な態度である。

戦後、お役人はパブリックサーヴァントと言われた時代があった。

しかし、いま時折り、変に威張るお役人に接すると、この国の辞書を、国民を公僕、お役人を代官と書きかえるべきだと考える。

汚水を浄化する土壌

農村に嫁が来ないの声が聞かれて久しい。きびしい農耕作業、刺戟に乏しい日常生活が敬遠の理由かと思っていたが、意外な伏兵の存在を知って驚いた。

それは水洗トイレ。伝統のカントリー汲取式は否という、花嫁候補生のホンネがそこにあったのだ。

一般に家庭や工場から出る汚水・雑廃水などは、公共下水道を通じて化学的に処理され、あるいはそのままの状態で下水道に流されている。

大国と言われながら完全な下水道の普及率は依然として低く、これらが直接河川や海の汚れを呼んでいる。従来の大規模な浄化槽、公共下水道には莫大な予算を必要とする。

そしてそこに救世主のように出現したのが、新見正氏の「土壌浄化システム」である。

汚水を土壌に還元し、土壌の持つ独自の機能をフルに活用して、これを浄化するという画期的な試みだ。

この発明は木製の電柱の根元が、地中約三〇センチの部分のみが腐り、深い所が腐朽しないとの疑問から始まった。氏はそこから土壌圏内の生態を学び、それを汚水・汚物への処理方式に拡げ結びつけたのだ。

その仕掛けは簡単。まず幅三〇センチ、深さ六〇センチの溝を掘り、底にポリエチレンシートを張って不透水槽をつくる。

その底から砂、砂利の順に埋め戻し、中央に凹みをつけてそこに陶管を布設する。そしてその上に砂利を盛り上げ、網をかぶせて土壌で埋め戻す。これで溝（トレンチ）が出来あがる。そこに汚水を流す。

この汚水は前記トレンチの中を流れるが、底にシートが張られているので、地下水汚染の心配はなく、毛管サイホンの作用で流された汚水は、上と横方向に広がり、分散しながら土壌の中を通過する。

地面から五〇センチの部分では土壌生物の活動が最も活発に行われており、微生物が働いて悪臭を取り除くとともに、汚れの素である有機物を餌として、繁殖分解させる。

さらにトビムシ、ヒメミミズなどの土壌動物が、増殖したバクテリア、大腸菌などの微生物を餌にして繁殖し汚物を分解する。

スプーン一杯の土壌には、一億に近い微生物が生活しており、この営みだけでエネルギーの使用もなく、汚水は完全に浄化される。

まさに土壌は生きもの。もし微生物の分解作用がなければ、地球は動植物の遺体や汚物で満ち溢れ、死の世界を招いたと氏は言う。

従来の汚水浄化方式を一八〇度転換したこのシステムが世に出たのが昭和四十二年(一九六七年)、この画期的な発明も施設費が低廉であったことから、認められるには長い時間を要した。

それは行政の認識不足。金がかかるものでなければ本物でないとする、この国の偏見ではなかったのか。ゼネコン等の業界が大規模で経費のかかるものを歓迎したという傾向も理由のひとつにあげられる。

ここは北海道追分町。過疎化のため廃校になった小学校の校舎を利用して、森林空間研究所(主宰東三郎氏)を開設、地域の高齢者、老人パワーを結集しての地域振興策が実を結びつつある。

ここのトイレが土壌浄化システム、清浄さを誇る。そしてトレンチの埋設地には花壇が作られ見学者は跡を絶たない。

これこそ土を豊かにし、無駄のない本来あるべき人と土と水のつながりを取り戻すものとの評価は高い。コストが低廉だから本物ではない? すべては国民の血税。為政者は学習を重ね、常にその本質を見極めてほしい。

劣化する地球の土壌

「文明人は地球の表面を歩き進み、そこ（足跡）に荒野を遺していった」

カーターとデールは、名著「土と文明」でそう述べている。

人類は、土壌が肥沃で人々を養っていける間は、たしかにそこに文明を開花させた。しかしいったん土壌が劣化し、食糧等が供給できなくなると、その文明は例外なく破壊したのだ。だから土壌の劣化防止こそ、人類誕生以来最大の課題であったはずだ。

なにもそれは古代文明に留まらない。わが国では足尾鉱毒事件（渡良瀬川）、そしてアメリカではご存知スタインベックの「怒りの葡萄」、コードウェルの「タバコ・ロード」がそれを伝えている。

森林の喪失も同じだ。原始時代、地球の表面が森林で覆われ、人類の数も少ない頃は、人間も他の動物同様、地球という生態圏の構成要素としてバランスがとられていた。この時期、森林は人類にとって、邪魔ものでしかなかったのかも知れない。森林の効用など、人々は考えもしなかったであろう。

人間が生態圏を破る行為をしても、それは数量的には知れたもの。人類は森林の効用を享受しながらも、害悪はすべて海洋、河川、森林が吸収し、地球は平穏であった。

テーラーは「人間に未来はあるか」で、「地球上の人口が一千〜一千五百万人であれば、少々のことをしでかしても…」と述べている。

しかしいまや地球の人口は五十七億人。この圧倒的な増大に筆者は慄然の思いだ。

インダス、メソポタミア等の文明の破壊は、単に過去のものとする考え方、姿勢は避けなければならない。歴史は必ず繰り返すからである。

土壌の劣化といってもその形態はさまざまだ。

水・風による表土の損失、「リル」「ガリ」と呼ぶ（いずれも筋状の）侵食、地すべり、砂丘の形成。

化学的劣化には、養分・有機物の損失、酸性・塩類化、汚染。

また物理的には、土の硬化、湛水、地盤低下などがあげられる。

そのうち養分・有機質のない痩せた土壌に焦点をあてる。

筆者の尊敬する土壌学者A・ハワード（英国）は、その著「ハワードの有機農業」（一九四五年）で、既に半世紀前、現在地球上で問題になっている環境悪化を見事に予告したばかりか、その対策を提案、実践している。

『地上にある土壌・植物・動物・人間の健康は、一つの鎖の環でそれぞれ結ばれている。

最初の環（土壌）の欠陥は、最後の環・人間にまで到達する。近代農業の破壊の原因である植物・動物の害虫や病気は、この鎖の第二の環（植物）、第三の環（動物）の欠陥による。要するにあとの三つの環の欠陥は、すべて第一の環である土壌の劣化にその原因がある』と断定しているのだ。

つまり土壌の栄養不良がすべての根源。健康な農業を維持できないことこそ人間が衛生、医学上の発見でえた利益を無にすることに通じる。

だからすべての廃棄物は、土壌に還元することこそ大切だと述べている。地上の廃棄物で有機質の堆肥をつくり、土壌に還元することこそ自然の法則という。

地球上の耕地は現在、無機の化学肥料で息切れをおこし、堆肥（有機）を求めて喘いでいる。国連は過日「世界土壌劣化図」（一九九〇年）を公表して、人類に警鐘を与えたが、筆者はこれに加え、いま首都圏一円に無気味にはびこる外来の害草（あえてそう呼ぶ）セイタカアワダチソウの分布図を作成し公表することを提案する。

「春の小川」の懐かしい叙情を、このニッポンに呼び戻したいのだ。

土いろいろ

今宵、女将は珍しく和服、上品な大島紬に包まれている。親から子へ、子から孫へと着つづけることができ、着れば着るほど味わいのでる紬。なかでも大島紬は渋い落ち着き、軟らかな肌ざわりが人気を呼んでいる。

この味わい、品質を生み出したのは実は「土」なのだ。泥田の中で糸を染める「泥染め」である。

かつて島津藩に支配され、なかば植民地の状態におかれた奄美大島は一面、貧困と屈辱の歴史でもあった。人々の普段着は、バナナに似た芭蕉の繊維からつくられた粗末な芭蕉布、紬は盆、正月の晴衣であった。

その素晴らしさに着目した島津藩は、島民が紬を着ることを禁じたばかりか、これを召しあげるという暴挙にでたとの歴史が残っている。

当時島役人の目をかすめ、泥田のなかに隠した木染めの紬をひきあげ、洗ってみるとこれが目の覚めるような、つややかな色彩を放ち、上品な味わいを保っていたことから、いまの泥染めが始まった。この紬、島にあるテーチ木と呼ばれる樹の汁で、数十回、力いっぱいもむように、しぼるように心をこめて泥をしみこませると、泥が持つ酸化鉄と、テーチ木の樹液のタンニン酸が結びついて、あの味わいを醸し出す。大島紬には島の人々の長年にわたる汗と血、伝統の文化が秘められている。

この店、カウンターの盆には、益子、九谷、信楽、伊万里、笠間など陶芸の名品がさりげなく盛られ、客はその日の気分で盃を選ぶ。

このひとつひとつに土に挑んだ名匠たちの技術が込められているのだ。

ふとある人間国宝の言葉が脳裏をかすめる。「最近やっと土が反撥しなくなった」

注ぐは灘の生一本。女将の手料理の旬の一品も冴え、歓談とともに、新橋三丁目、「C」の夜は更けていく。

こちらは四丁目「S」、遠来の息子たちが上京の都度、ここで落ちあい盃を交わす。古典落語「親子酒」の情景が、いつも頭をかすめ苦笑。ここは信州の名門県立長野高校・八期生東京事務所の顔を持ち、日本の屋根信州からの清新な情報にあふれている。

カウンターでは、コンクリートの東京ジャングルに話が及ぶ。人間生活から土に触れる機会が日に日に失われてゆく。それが人間の心と体をどれほどいためているか。無頓着な都民が多過ぎる。

植物の成長にとって、土と水と太陽が不可欠のように、生物の一員である人間にも、土とのふれあいは大切だと力説するのは、かつては飯より好きなゴルフをやめ、最近土いじり――家庭菜園に熱中している一人の客の主張である。

土といえば、八九年春の選抜で文武両道、有名進学校でありながら、名投手赤沼を擁し、甲子園で善戦、ファンの注目を浴びた。印象に残ったフェアプレー、試合が終わって黙々とグラウンドの土を袋に詰めるナインの姿が、いまも瞼に浮かぶ。

甲子園の土は、六甲山（神戸）の花崗岩の風化土に、九州桜島の火山噴出物をブレンドしたもの。排水・整地の面でも素晴らしい機能を発揮する。まさに土のカクテルだ。

この店、今年もまた探検家でエコロジストのご存知、C・W・ニコル氏の住む黒姫山への旅を企画、近く決行の予定である。

初夏の一日、都会を脱出し森林の香気、フィトンチッドを浴び、土にまみれて山菜狩りに興じる意義は大きい。自然の香りに包まれるサロン「S」、人間らしい旅に一同、いま心をはずませている。

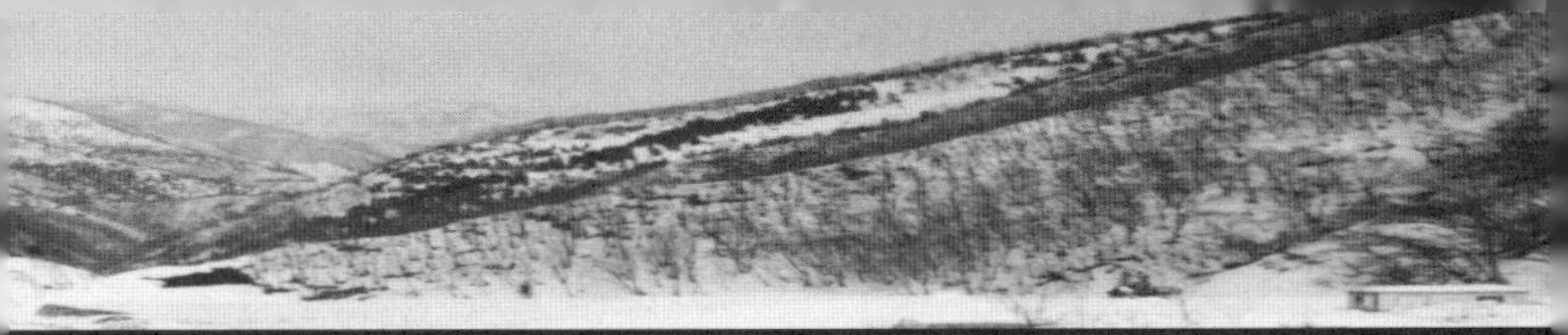

第三章　ブナ礼賛

白神山地から見る人間と自然

ー林（写真提供：林野庁青森森林管理局）

ブナは森林の母だ。すがすがしい緑、山々にいっぱいの水を貯える水源涵養のチャンピオン、自然の大きな担い手である。かつてブナは地球上の各地に広く分布していた。もちろん日本列島も例外ではなく、東北から九州に至るまで、その美林は見事であった。そのブナもパルプ資源として伐採され、成長量が大きく建築材等として有用なスギにとって代わり森林の様相は一変した。それはとくに昭和三十年代に敢行された国の木材生産増強計画（拡大造林）から始まった。今にして思えば、こんな愚策はなかった。そしていまやブナは各地の水源地帯に僅かに残り、自然環境の指標にされるほど貴重な存在となった。これに手をつけようとすると各地の自然保護グループが一斉に猛反対の行動に出る現実を考えるとき、湯水のように伐採消費させてしまった当時の為政者は、いまどう考えているのだろうか。このなかで日本列島に唯一十六万ヘクタールという大面積のブナの純林が残されている地域が人類の自然遺産として登録されているが、これを守るためにさまざまな闘いがあった。青秋林道をこの山に開設して、伐採を企画した地元の推進同盟と、これに真っ向から対峙した自然保護グループ、時代の趨勢もあってこの計画は凍結され、人類のためにこの森林は永久に残されることになった。この章はこの自然の森林を通して人間と自然のこだわりを眺めることとした。

①　冬、白神の山々は深い雪に覆われ静かな時が流れている。周辺の山々を含め全国の国有林

の深山にはチェンソーのエンジンが轟き、素晴らしいブナ林はみるみる姿を消していった。しかしその後その責任をとった人はいない。あるのはあのバブル崩壊直後の住専そっくりの構図だけである（静寂）。

② ある夏の午後、ブナ林の調査中に突然の集中豪雨に見舞われたことがある。しのつく雨は沛然と降り続き、幹を伝って滝のように流れ落ちる。しかし雨宿りしている足元は雨水で地表がぬれることもなく、地中にぐんぐんと吸いこまれていく。それはあたかもスポンジそのものであった。昭和四十二年の集中豪雨で、伐採された流域の下流は洪水の被害を受けたが、ブナに覆われた隣りの流域には増水もなく安泰であった。ブナの森林の保水力を改めて見なおしたのである（保水力）。

③ 白神山地に春が訪れた。谷間の渓流にはイワナが群れ、クマゲラの孵化も近い。このような素晴らしい自然を守るためには、それにふさわしい行政が望まれる。ドイツでは、営林署長が生涯をその森林に託して、目標の森林に向かって経営を続けているが、日本の営林署長の任期はせいぜい二〜三年、これでは山はかわいそうではないか（春の息吹）。

④ 北欧・フィンランドと日本は、国土面積もほぼ同じばかりか森林率も七〇パーセントと似ている森林国の双璧である（もっとも人口率だけは大きく異なっているが…）。かつてヘルキンシキ滞在中、同国の林業技術者と話し合ったとき、こんな答えが返ってきた。「林業の技術は未だ確立されていない。だから森林の経営には愛情が必要である」「木材の伐採は生長した分だけに留める」。そしてどこかの国のように、技術を過信し、森林に肥料をやったり、新しい技術の開発を担保にして、伐り過ぎてしまったことを思い出していた（二つの森

の国）。

⑤　一時は絶滅かと思われていたクマゲラが白神山地で発見されたのは七五年の秋だった。森はクマゲラだけではなく、クマ、オオワシなど自然の宝庫として野鳥獣の棲息を保護してくれる。これも奥地林を持つ国有林の重要な使命の一つであることを知ってほしい（クマゲラの嘆き）。

⑥　自然界の扉の向うには、人間が学びたい多くの現象が目白押しである。例えば白神山地の動物たちは人間の持つ五感を遙かに上回る感覚を持ち合わせている。素晴らしいこの自然、神秘のパワーを秘める森林、これを人間の欲望充足のために破壊すれば、必ずそのしっぺ返しを受けることは必至であろう（森林の知恵）。

⑦　白神山地の紺碧の空に積乱雲がまきおこり夏が到来した。地元のリーダーが少年たちを白神の森林に案内しようとしたが、ここに至るまでの森林の開発が大々的で、「自然って遠いんだなあ」と子供たちは悲鳴をあげた。かつては集落の背後までブナの森林が形成されていたのに（遠い自然）。

⑧　白神山地の素晴らしい森林の伐採、開発計画が打ち出され、開発側は地域の振興と両県の交流を理由にこれを推進し、一方反対側は「生活、自然環境を守り、学術的にもブナの純林を死守する」とのスローガンのもとに活発な行動に出た。結果は前にも述べたとおり開発の凍結が決まった。
貴重な人類の自然遺産は残されたが、当時開発を推進しようとして旗をふった人々は、いま反省の気持ちでいるのだろうか（青秋林道）。

⑨　鳩山邦夫氏が文部大臣当時、福岡県下で開催された全国植樹祭で、会場が雑木林を切り倒して造成されていたため、日頃から貴重な里山保全を提唱していた大臣は、「木のないところに木を植えようとする植樹祭ではないのか」と一喝された話は有名である。専門用語や理屈をいくら教えても身につくものは僅かだろう。「要は子供たちが自然の素晴らしさを知り、自然に対して畏敬の念を抱くかどうかである。それには何といっても雑木林が一番、雑木林や草原こそ自然教室だ（雑木の怒り）。

⑩　日本中が開発ブームにわいていた頃、多くのブナ林はつぎつぎに伐採され姿を消していった。林業の近代化に呼応して機械化が進められていったが、奥地林の場合はコストが割高になって収益性は低い。これをいくらかでも大きくするために大型機械を導入して大面積伐採が堂々めぐりで敢行された。伐採のチエンソーからとび散るブナのチップに夕日が映えて真赤な血が流れているようだった（伐採無残）。

⑪　近年バイオテクノロジー（生命科学技術）の発達により、自然の生物が持つ遺伝子が注目されている。これらは将来の人類に利用されて大きな役目を果たしてくれると期待される。だから森林を伐採したり、自然の中に道を開く行為はその流れを乱し妨げる。将来の遺伝子の活用を展望した国土の利用、為政者はこれにも注目してほしい（森林の遺伝子）。

⑫　かつて営林署が国有林のブナ林など広葉樹林の伐採に反対する地域住民、自然保護グループを説得する理由に「森林若返り論」があった。「伐採の予定箇所は老齢過熟林だからこれに手を入れて蘇らせたい」

原生林を伐採するに当たって、この言葉が幾度繰り返されたことか、しかし自然の森〜原生林はそんなにひ弱ではない。人の手を借りなければ世代の交替ができない自然などは存在しないのだ。率直に言ってこんなごまかし、へりつくは通用しなかったのではないか（へりつく）。

⑬ かつてのブナ帯山村の生活は人々の強いきずなで結ばれていた。ブナの森には自然の恵みが豊かであった。また伝統の日用品、民芸品が数多く生産された。しかし時代の流れはこれを一変させ、過疎の村々が各地に生まれた。過疎こそ近代社会のガンであるとの説がある。いまこそこゝに愛ときめの細かい行政が望まれる（過疎の村）。

⑭「武蔵野の自然を守りたい」。このご信念で昭和天皇は、お住まいの吹上御所の一木一草をこよなくいつくしまれたと伺っている。ある日庭園一面に繁茂している草をみて、宮内庁庭園課の職員が「せめて庭先の雑草だけでも抜いてよろしいでしょうか」とお伺いしたところ、「雑草という草はない。みんなそれぞれに名前を持って生きている」というお言葉が返ってきた（名もない草木）。

⑮ 白神山地の動物相は豊かである。林内には数千種の昆虫がすみ、それをねらって野鳥や小型動物が集まる。さらにそれを目当てに大型動物が定着している。このようにその生態は極めて多彩である。

自然いっぱいのこの森こそ人間が自然の掟を学び、地球人としての生き方を学習する場でもあった（森の動物たち）。

⑯ 東北の秋は早い。竿灯、ねぶたが過ぎると本格的な秋がこの白神山地に訪れる。ブナ山の

秋ほど天の豊かな恵みに溢れる世界をほかに知らない。この森林を青秋林道を開設して伐採しようとした輩がこの国にいて、叙勲さえ受けていることを悲しむ。この人たちは将来への展望もなく、目先きのことだけに生きてきた悲しい人々だと筆者は改めて考えている（豊穣の秋）。

⑰　居酒屋研究会の藤田千恵子さんは、東京新橋こそサラリーマンの心のふるさとと名付けているが、ここの二つの店で集録したブナについての話題とその讃歌をとりあげた。

カラオケもいいが、ときにはこんな酒場で環境問題にふれ、語り合うのも乙なものではないのだろうか（ブナいろいろ）。

静寂

白神山地の森林に悠久の時が流れる。「ドサッ」、ブナの大木から自然落下した雪塊は、あたりの静寂を破って、鈍く小さくこだまする。

あとは再び静寂。原生林は純白の雪に覆われて、いま深い眠りについている。地球の回転すら、完全に停止したようだ。

東北、秋田・青森県境に沿って東西に走る白神山地――。ここは先年、南海の孤島、鹿児島県屋久島とともに世界遺産条約にもとづく自然遺産として登録された。人類共通の財産、後世に伝えるべき価値あるものとしてである。この森林の素晴らしさはおいおい語ることとして、いま少し冬山の描写を続けよう。

秋錦に映えたこの森林は十一月半ばを過ぎると、黄葉ももの悲しい褐色に変化し、これにみぞれを交えた時雨が吹きつける。この時雨と木枯しは、幾千、幾万……無数の落葉を天空に舞わせ、バタバタとうず高く地上に堆積させる。

この秋、広大な白神の森林に豊かな恵みがあった。ブナとトチの実、ドングリなどの木の実を飽食したツキノワグマは、毛並みもつややかに冬眠の巣穴を探し求めて徘徊した。山のリスたちもまた長くきびしい冬にそなえて、せっせと餌を穴ぐらに蓄えた。

地味な冬山も変化は激しい。あるときは静かに、そしてあるときは連日連夜、荒れ狂う吹雪に明け暮れる。

西高東低の気圧配置は、日本海の水蒸気をたっぷりとシベリアからの風に与え、それを脊梁山脈にぶっつけて三メートルに及ぶ豪雪をもたらす。

一日、灰色の山上を黒雲が去来し、移動すると、雲の切れ目から洩れる陽光が、暗く沈んだ山の一角をスポットライトのように照らし出す。それはその昔、後楽園球場で見たイタリアオペラの舞台を連想させる。静寂に包まれたこの日、動物たちはその気配も見せず、山の生きものたちは息をひそめている。

おだやかに晴れたある一日、凍結したブナの梢に咲く純白の雪花が朝日に映える。その神秘的な美しさは、まさに幻想の世界だ。もう春はそこに来ている。

かつて北半球の中緯度地方には、地球をとり巻くようにブナが帯状に分布していた。それは海や砂漠により分断はされたが、広く欧州、東アジア、北米東部にまで及んでいた。

東アジアの日本も例外ではなく、美しいブナの純林は、列島の山地のあちこちに見られたのだ。北海道・渡島半島黒松内付近を北限とし、九州・鹿児島県高隈山を南限とするブナ帯は、九州・四国・中部地方・東北・北海道と、それぞれ異なる標高に巧みな分布を見せてくれた。

このうち東北地方では、二百〜千三百メートル、なかでも純林としてその姿を誇ったのが白神山地であった。

このブナ山に晴天の霹靂が起こった。

昭和三十二年、将来の木材需要の増大を予測した林野庁は、全国の森林面積の三分の一を誇る国有林を対象として、生産力増強計画（拡大造林）を打ち出し、生長がよくないとするブナ等の広葉樹林を伐採し、生長もよく木材価格も高いスギに転換する施策を打ち出した。

全国の国有林——深山にチェーンソーのエンジン音が轟いた。そして息をのむように見事な紅葉、山に水を貯えて洪水を防ぎ、美味い水をたっぷりつくり、クマゲラ等の貴重な自然を確保したブナ山は、みるみる姿を消していった。そして白神山地の一画までこの斧は迫ったのだ。

しかしいま、その責任をとった人はどこにもいない。あるのは住専そっくりの構図のみである。そのことを知ってか知らずか、白神の山々は、まだ静かな眠りについている。

保水力

これは元東京農大・倉田益二郎博士（緑化工学）より直接うかがった話である。父兄から子女の進学コースについて相談を受けた先生は、よくこう答えられたという。

「あなたのお子様の成績が、あまり芳しくなければ、農学部の林学科になさい。周りは人のいい連中ばかりだから温かく迎え、包んでくれるでしょう」「ご子息の成績はよい？　それなら林学科はいかがなものか。きっと頭角をあらわすでしょう」

この話をどう受けとめるかは読者におまかせしたい。ただ、地球上の森林が貴重になり、この機能に期待と関心が寄せられているいま、森林・林業の将来を担う林学の学徒は、単に偏差値の次元ではなく、決して目先のみにこだわらない深い洞察力、人間・生物、ひいては地球のすべてに対する愛情を持ち、国家百年の大計のための識見こそ必要ではないかと考える。

白神山地は自然遺産として登録され、秋田・青森県境をはさんで、秋田側四千八百ヘクタール、青森側一万百九十八ヘクタール合計一万五千ヘクタールが、手つかずのブナ原生林として残されている。

しかし、秋田側から入る度に、海抜二〇〇メートルからブナ林がいっせいにスギに転換され、スギ花粉症の元凶となっている光景を見るのである。

この山地の登山路にある山々――主峰白神岳（一二三一メートル）、二ツ森（一〇六八メートル）、小岳（一〇四二メートル）などに登る途中の林道や歩道からの展望は芳しくない。無残であるといったほうが適切である。

昭和三十三年からスタートした林野庁の拡大造林事業で、東北地方のブナ林はわずか十年でその三割が伐採され、その後もなお最近までこそこそと伐られてきたのだ。

伐採側にもいろいろと言い分はあるだろう。しかしこの伐採がなければ、さらに素晴らしい――世界どころか、人工衛星からも観察できる、宇宙に誇れる森林が残されたであろうに、と残念に思う。

文献によれば、ヨーロッパのブナ林の歴史はせいぜい二千年、ここ白神山地はその歴史、実に八千年を数えてまったく安定し、それ以上変化しない森林――林学の分野では極相林――であるとされている。

日本列島のブナは、人間と生命を維持する水源地帯に分布していた。むしろ人間が求めてその下流に住居を構えたと言えるかもしれない。

ここではその理由の一つ、森林の保水力についての筆者の体験を記したい。

ある夏の午後、宮城県でブナ林の調査中、突然の集中豪雨に見舞われた。しのつく雨は容赦なく降りつづき、幹を伝って滝のように下りてくる。ところが、雨宿りしている足元は、雨水が地表を流れることなく、土の中にぐんぐんと吸い込まれていくのである。

毎秋、無数の落葉が幹の根元にうず高く積もり、これが腐葉土――スポンジになって、雨水はこの中に入ってゆく。

その力を浸透能と言い、一時間当たりの水の高さ〈ミリメートル〉で表されているが、ブナの浸透能は特別に高い。たとえばカラマツの人工林の一〇〇ミリメートル弱に対して、ブナの天然林の場合、実に四〇〇ミリメートルに達するデータもある（佐藤正ほか）。

長年、森林の保全と治山治水に体を張ってきた筆者には、ブナの伐採と洪水についても、いくつかの貴重な体験を持っている。

同じ水源地帯に、同じくらいの集水面積を持つN川とM川がある。一方のN川が上流にブナの原生林を持っているのに、M川の上流は伐採跡地となっていた。

昭和五十年代にあった四二〇ミリメートルの豪雨で、伐採地のM川下流流域は壊滅的な被害を受けたが、ブナに囲まれたN川流域は増水もなく安泰であった。

行政庁の森林計画担当者はいまもエリートぞろいである。しかし現場の経験は決して豊かではない。

いまこそ現地を這っての体験の技術、そして早稲田の校歌ではないが「現世を忘れぬ久遠の理想」の保持が望まれる。

春の息吹

ウグイスの囀りが白神山地に遅い春を告げる。この山の春は五月、里はすでに初夏である。ブナのたくましい樹幹を埋め尽くした雪は、依然として姿をとどめてはいるが、ドーナッツ状の黒い山肌（腐葉土）が姿を現す。そのころ、五月の陽光をいっぱいに受けた黄褐色の葉芽は、固い殻をはじけさせて、残雪の上に長楕円形の鱗片をまき散らす。そして産毛いっぱいの可憐な芽は、青空ににっこりと微笑む。

山は全面うすみどり色に染まり、やがて日増しに緑を加えていく。雪に変わった雨は、ブナの木立の残雪に注ぎ、湯気がほのかに立ち上る。これぞ自然、大気中の水分は太陽の光を微妙に屈折させ、濃淡あざやかな幻想の世界を演出する。

奥地の沢では、時おり底雪崩が静寂の山に轟き、雪どけ水は斜面にほとばしってスポンジの腐葉土に吸収される。谷間の渓流にはイワナが躍り、雪溜りの消えた林床には淡紅色の可憐な花が匂う。クマゲラの孵化も近い。

桜とともに、このブナくらい日本の風情にマッチした樹はない。

平成の日本、恥ずかしながら事故隠しがつづく。福井の原発事故もひどかった。事故隠しのあと、動燃の理事長が記者会見で述べた談話を思い出す。

「なにせ現場の責任者がすべて技術者のため、視野が狭く、その判断と対応に的確性を欠いた」（大意）

技術とは、①物事をたくみに行うこと、②科学を実地に応用し、自然の事物を改革・加工し人間生活に利用するわざ（広辞苑）という。

林野庁に技術者（技官）の地位と権限を高めるための技術者運動が展開されたのはたしか戦前のことだった。多角的な森林経営は、森林の現場の実態に精通している技官のみ可能だ。「技官にもっと光を」がその主旨であったと聞く。

その運動が功を奏したのか、戦後の長官は最近まで技官であった。しかし、その功罪はいろいろある。隠蔽はいやだから、その一端を心ならずもここで明らかにしたい。

某営林局のOBで組織されているある「山の会」の機関誌に、森林計画の中枢であった技官の計画課長がこんなことを述懐している。

「後輩の諸君に、いい山を残し得なかったことを本当に申し訳なく思っている。当時のわたしの仕事は、いかに帳簿面をあわせて伐る木を探すか、で……」

この話、森林経営の基本原則である保続が全然考慮されていないのである。国民の山である国有林、主体の国民に対する視点ではなく、それは仲間うちのかばいあい以外のなにものでもなかった。

ついでだから、いま一つの話も書いておこう。森林生態学の権威、四手井博士は「昔（戦後）は、いま少し、山に目が向いていた。第一線の署長はもちろん、営林局長も、部長も課長もそうだった。しかし、今は山を知らないようだ。現場の事業所には『今月の目標』が掲げられているが、森林を育てる技術に関するものは皆無だった。国有林は木を売って、公務員にめしを食わせている所になったのかと思えてならなかった」（中央新書「日本の森林」）

技官運動を闘った先輩は、この実態にどんな思いを馳せているのだろうか。

ドイツの多くの営林署長は、自ら管轄する森林を相手に、調査研究に生涯を託し、それをもとに学位論文までまとめている。

日本の営林署長は雑事に追われ、山に行く機会も少ないようだ。そして任期も二～三年である。

国民の山、国有林もこれではたまらない。乾坤一擲、清新の「春の息吹」を注入すべきではないか。

二つの森の国

この四月、シベリア経由フィンランドに遊んだ。搭乗機が北極海からヨーロッパ大陸に入るとき、今年は白雪に覆われていたが、スカンディナビア半島北端の特殊荒廃地――累々たる岩山をかすめる。

しかし、これも束の間、機はやがて残雪をちりばめた濃緑の森林と湖に近づく。BGMはシベリウスの「フィンランディア」、「ようこそ北欧へ」のメッセージだ。

だれかが森林は地球のドレスと言っている。窓外の森林は一見、平穏そうに見える。だが実は、東欧圏重工業地帯の煤煙・排ガスがもたらす酸性雨のシャワーを浴び、梢の先端は慢性的に犯されている。湖の魚は完全に死滅したようだ。ドレスが破れては地球の保護はおぼつかない。憤りと悲しみで胸が痛む。

地球の八割は海と聞く。陸地は二割だ。陸地全体に占める森林の面積比率――森林率は、地球全体で約二五パーセント。いまこれを国別で見ると多様である。中国一四パーセント、アメリカ合衆国四二パーセント、スイス二五パーセント、イギリスは九パーセントだ。これに対し日本は六七パーセント、フィンランドは実に六九パーセントを占め、ともに森の国として双璧を誇る。

さて森の国に住むはずの日本人だからといって、すべての人々が森林に対して高い関心を持っているとは限らないようだ。森林の素晴らしさがわからず、きわめて無関心の人も目につく。

その一例。かつて信州大学(菅原聰教授)が行った調査は興味深い。東京と、長野県伊那(大学所在地)で、もともとそこで育った人々を対象にした「森林という言葉から、どのような風景を連想するか」の設問への答えである。

東京の二十歳代の人々は「美しい妖精の住む森」「グリムの童話に出てくる森」など、まったく空想的なイメージに終始していることに驚いた。都会の若者たちの頭の中の森林は、現実の森林と大きく乖離しているのだ。

そこで脳裏に浮かべたのは、ディズニーランドもよいが、本物の森——白神山地を一度でよいから訪れて欲しいという希望である。そこには風薫るブナの林、野鳥がとびかう赤石川のほとばしる渓流、森の間から見る満天の星座……。白神の山々は感動の坩堝なのだ。

フィンランドと日本の国土面積はほぼ同じである。森林率も七〇パーセント弱と変わらない。ただ人口は大きく異なり、人口密度——一キロメートル四方の人口は、フィンランドの十六人に対し、日本は三百七十五人である。「お国では皆さん、立って寝るのか」と、ユーモアあふれる彼らに尋ねられて大笑いした。

ヘルシンキ滞在中の一日、バルト海に近い官庁街の林野庁を訪問し、相当官と森林経営と林業について話し合った。彼らの意見はきわめて明快であった。

「復原する自信のない所は決して伐採しない」

「林業技術はまだ確立されていない。だから森林の経営には愛情こそ必要」

「人間生活の面で木材は大切だ。しかし、伐採する量は、樹の生長に見合った分に留めたい」

話に耳を傾けながら、筆者ははるかに祖国の森林に思いを馳せていた。その国ではかつて、

「森林に施肥をしたり、新しい林業技術の開発によって生長量は高められるはずだ」

と、期待と仮定の計画を担保に、実際の生長量を上回る伐採がつづけられた。

その結果、日本の森林が持つパワーは、ジリ貧を余儀なくされた。科学技術時代とはいえ、生物を育てるうえでわからない事柄は少なくない。だから森林の造成には、慎重、着実、そして愛情が必要である。

アリストテレスの徳論ではないが、何事も自然に逆らうことなくほどほどに、つまり「中庸」こそが望まれる。

クマゲラの嘆き

一九七五年十月十九日、本州ではすでに絶滅とされていた貴重な自然のバロメーター、クマゲラが白神山地のある秋田県下で、県の自然保護課・泉さんの撮影により確認された。

このニュース、連日、開発との闘いに明け暮れていた筆者にとって、まさに一筋の光明であった。そしてこの日をクマゲラ記念日と心に決めた。

クマゲラはキツツキ科の野鳥で、全身真っ黒でクルクルした大目玉が印象的だ。雄は頭上から後頭にかけて鮮やかな紅色を誇り、雌はわずかに鮮紅色を残す。嘴の長さ六センチ、翼長二十五センチ、尻尾の長さ二十センチと比較的巨体である。キョッ、キョッと鳴く鋭い声、嘴で樹幹をたたくコロ、コロの音は、森林の静寂をついて全山に響く。わが国では北海道、秋田県下の八幡平、白神山地入り口の森吉山に少数ながら生息が確認されている。もちろん天然記念物、深山の自然のチャンピオンだ。

昨年十二月、こんな記事を目にして驚いた。

「秋田県がクマゲラ保護のため、森吉山一帯を含む国有林五百ヘクタールを買収」（A紙）

その瞬間、国民から委託されている山を売るとは本末転倒、使命の放棄ではないのかと考えた。

その昔、ケネディ大統領の教書に、たしか「このアメリカに綺麗な青空を」とあるのを読んで胸を熱くした思い出がある。

それから間もなく訪れたアメリカ・オレゴン州の国有林で、その使命は、「水資源・野生鳥獣の確保・保護、森林レクリエーション、木材、牧畜の飼料確保」との明確な説明を受けて脱帽した。当時の日本は、川崎、四日市喘息などの公害オンパレード、国有林はまさに木材生産一辺倒であったからだ。

あれから三十年余。国有林も時代の趨勢を受けて、その持つ機能により四つに分類された。木材生産を主体とする経済林五四パーセント、非経済林として山崩れなどを予防する国土保全一九パーセント、国立公園などの自然維持一九パーセント、キャンプ場などの空間利用八パーセントが、その内訳のようである。

ここで忘れてならないことは、すべての森林は各種の機能を併せ持っており、単純にタテ割の分類はできないことである。

また国有林では経済林だからといって、収益原則で施業をしたとしても、そこで得られた木材収入よりも伐採により派生した公益効果のマイナスが大きければ、国民経済上の損失であることを知らねばならない。

日本の森林の持つ価値――機能は年に十二兆八千億円

林野庁は七二年に、森林の公益的機能を計量し公表、各界の評価を得た。そして今後ともこの研究と検証をつづけ、広く国民のコンセンサスを得たいとのコメントも出された。

しかし、国有林野事業（特別会計）は、その後もこの価値を一切カウントすることなく、木材の販売、土地と森林の切り売り収入で経営をつづけている。現在、借財は三兆円を超え、利子の支払いも一日数億円、林野の職員一人当たりの借金は二億円を上回る。無料働きをしても利子の支払いさえ不可能のようだ。

だからあえて言いたい。無理な伐採や肝心要の林地まで売り払っての経営に明日があるのか。冒頭に書いた森吉山の国有林売り払いの話から、五五年当時、保安林整備臨時措置法により、重要水源地帯の民有林を国が買い入れ、国有林の使命を果たす施策がとられたことを思い出す。

しかし、国有林の財政悪化から、十分な保全投資は行われず、山は悔しさに泣いているような気がしてならない。今こそ国民の山――国有林の抜本的な再建を切に願う。応援団は国民である。「貧すれば鈍する」は真っ平である。

森林の知恵

かつては宿命とあきらめ、不安と恐怖におののきながら雪に埋もれ、ひたすら春の到来を待ちわびた雪国の人々にとって、「克雪」――生活圏から、障害となっている雪を除去することは有史以来の悲願でもあった。

東北流雪研究所（米沢市）を主宰する畏友・桐生三男氏は、東北における克雪の、文字通りの先駆者である。

彼は、住まいのある館山の集落から、毎年かならず襲来する冬将軍がもたらす雪――家屋をきしませる屋根雪、生活路線に立ちはだかる堆雪を、地域の人々の協力のもと、流雪溝を用いて除去し、快適な生活環境の確保に成功、豪雪のまちに克雪の金字塔を打ち立てた。大雪の朝、除雪が終わった路上に立つと、整然とした街並に思わず目をみはる。

しかし、ここに至るまでは、筆舌につくすことのできない苦難の途があった。流雪溝に投入した雪塊がそのまま流路を閉塞して、厳冬の深夜に発生した床上浸水、流雪が排出口の下でジャム状に固まり、流下を障害するなどの予想しえなかったアクシデントに悩まされた。

その結果、住民の一部には、失望とあきらめのムードが濃くなり、この事業に見切りをつけようとする声すら各所にわき上がった。桐生氏はひとりで粘り強くこれに立ち向かい、洪水予知予報機の開発、雪塊粉砕のための水路の改善など、隘路の打開に血みどろの努力をつづけたのだ。

彼は少年のころから、よく好きな森林に入って、そこにひそむ神秘の数々を体験した。

春先、樹木の根元の周囲の雪が真っ先に消え、ドーナッツ状になる現象から、大地の地熱に注目し、克雪のための画期的な施設——消融雪溝の開発に、これを結びつけた。

地熱とは、地球の誕生以来、地球の内部で発生し、蓄積された熱エネルギーである。地殻付近では高温だが、地表の土中に手を差し入れたとき、そこはかとなく感じる温もりがそれだ。

さて消融雪溝とは、水路にレーン（水の通りみち）ができるように、鋼製の枠で仕切りをした二重構造の溝で、これに雪を投げ入れ、板でところどころを締め切って、自然流水の水温と地熱で、溢水することなく雪を融かす装置である。流雪溝のように、大量の水を使用することなく、わずかな水で効果をあげうる特徴を持つ。

ここは北陸の古都・加賀百万石の金沢市。大川の犀川と浅野川に挟まれた市街地には、九本の小河川と五十六の用水路が網羅されている。

毎冬一メートル近い積雪が見られるこの街では、洪水予防のため、用水への投雪は藩政以来きついご法度であった。雪塊が流水を閉塞するおそれがあったからだ。

しかしこの消融雪溝は、その効果を発揮し、鞍月用水をはじめとして、現在、全域に普及しつつある。地熱に着目した先駆者の英知は、伝統の街に改善の楔を打ち込んだのだ。

自然界の扉の向こうには、人間が学びたい多くの現象が目白押しである。たとえば、人間の持つ五感（視・聴・嗅・味・触覚）よりも、白神山地の動物たちは、それを上回るいくつかの感覚を併せ持っていると、前記桐生氏は語る。

彼らは異常気象の発生を数日前に察知し、安全地帯に姿を隠す習性を備えている。日本海はるか洋上、朝鮮半島付近に低気圧が発生すると、渓流のイワナは貪欲に虫を食い、非常事態に備え、万全の態勢をとるという。

素晴らしい自然、神秘のパワーを秘める森林――。これを人間が欲望充足のために破壊すれば、かならずしっぺ返しを受け、いつかどこかでその代償が人間に戻ってくることは、歴史が証明している。「奢れるものは久しからず」だ。

遠い自然

白神山地のブナを守るため、その先頭に立って挺身した鎌田孝一さん（秋田県藤里町）が、教え子たちに素晴らしい森林を見せようと、現地に案内したときの話である。

途中、山また山を越えても依然延々とつづく伐採跡地に、さすが健脚を誇る山の子供たちも悲鳴をあげ、異口同音にこう叫んだという。「先生、自然って遠いんだなあ」

白神山地の紺碧の空に積乱雲がまき起こり、夏が到来した。

長かった梅雨も明けて、太平洋高気圧にすっぽり覆われたブナの樹海は、強烈な夏の日差しを受け、梅雨のシーズンに吸い続けてきた水分を、ダイナミックに蒸発散させる。そして森林は、日増しに煙るようなあお色を加えていく。ブナ研究家の庄司幸助氏は、夏のブナの樹海をこう讃える。

「青も蒼も読めばアオだが、青にはどちらかといえば空色、水色、明るさを伴う語感がある。しかし、このシーズンのブナの森林は、黒ずんだアオ、つまり蒼なのだ」

この蒼さは、同じく世界の自然遺産として登録された、黒潮寄せる屋久島の海を思い出させる。

空一面の蒼い葉は、真夏の太陽光線を吸収して、活発な光合成を行い、このエネルギーは樹幹や枝をぐんぐんと肥らせる。

林内に一歩足を入れると、樹冠で完全に陽光がさえぎられ、冷気が一瞬、体を包む。森林全体の旺盛な水蒸気の発散が、周りの空気から蒸発熱を奪い取り、気温を下げるのだ。

山地の雨量はしばしば森林によって増加される。森林のなかに霧が流れ込むと、霧滴は樹体に付着し、これが水滴となって地表に降る。これが樹雨だ。樹海を歩きながら巨木に体を寄せると、心なしか水を吸いあげる音が耳に届く。

全山、エゾセミの大合唱、これに混じって涼風を誘うヒグラシ、時期外れでおくてのウグイスの声もどこからか聞こえる——。

開発か保全か。戦後、生活環境と自然保護をめぐって数多くの闘いが各地で展開された。企業の場合、開発側にはカネという明瞭な理由があり、法令等の基準に違反しない限度いっぱの計画を提示する。これに対し保護側には、残念ながら開発側に、なるほどと思わせる具体的な論拠を示しえないケースが多い。

「美しい景観の保全」「祖先から残された美しい自然を子孫に残す」といった抽象的・情緒的な理由は、「目の前のカネ」の論理とすれ違ってしまう。

この双方の意見が話し合いで妥協できるのが国民の知性であるが、従来の日本では必ずしもそうならなかった。

筆者は東京都港区芝浦、臨海副都心の近くに住む。バブルの時代、企業の開発と住環境を守る住民の話し合いは各地で持たれたが、行政の姿勢は開発側の企業に偏し、また企業の目的は唯一カネだけであった。しかも話し合いのなかで、住人が開発側に求めた「武士の情け」などは一顧だにされなかった。

国有林野事業（特別会計）も、独立採算制がとられているため、企業の維持のため主として木材収入に頼らざるをえず、貴重な自然の伐採は広く日本列島の各地で決行された。

そして結果は、地元や自然保護団体の猛烈な反対にあって断念、保護地域等に編入されてしまった。営林署は、広大な林野を汗を流して自ら管理しながら、決して地元や環境庁などより評価されていないことを筆者は悲しむ。

だからいまこそ遠くなった自然を、国民に近づける努力が必要である。

「あなたにとって、自然保護とは」と問われ、「それは人間保護だ」と答えた奥村清明氏の言葉が胸をさす。

青秋林道

秘境黒部の上流（富山県）祖父谷、祖母谷という荒廃した沢があり、降雨の度に土石流を発生させて下流に被害を与えていた。その対策工事を建設省（砂防）と林野庁（治山）が合同して進めることになり、林道に準じた資材運搬路が建設された。一九六〇年代はじめの話である。

工事を請け負ったのは、ゼネコン大手のＳ工業である。完成直後の現場を訪ねて驚いた。工事には大型の重機械が搬入されたため、仕上げはまったく雑然、谷には切取土砂が累々と堆積するなど、実に無残な姿がそこにあった。

元来、林道工事は山地の狭隘な箇所を対象にするため、切土と盛土の均衡をとり、地形なりに線形を考えるなど、山地を荒廃させないことが設計の基本である。モチはモチ屋。森林土木の技術者には、こんな自負があった。

しかし、その後の、工事の大型化、施工コストの低減、林地保全のモラルの低下なども加わって、南アルプススーパー林道は、醜態をさらけだして、世間の顰蹙を買った。そしてこれが自然保護運動を高める大きな原動力ともなった。

角栄総理が火をつけた開発ブームは日本列島を席捲し、そして七八年、青森県津軽平野の南西部から秋田県境に広がる白神山地のブナ原生林のど真ん中を貫く林道計画が打ち出された。

それは開発推進派による「青森県境奥地開発林道開設促進期成同盟会」という実に長ったらしい会の発足から始まった。そして「青秋林道」と名付けられた道路は、八二年に青森・秋田両県側から同時に着工された。

開発側は地域の振興・両県の交流を理由に、これに呼応して反対派は「生活を守り、学術的にも貴重なブナの純林を守る」スローガンのもとに、活発な運動を展開した。

この経過についてはここでは省略する。ただ、この反対運動に多数の地域住民が立ち上がったのは、ブナが持つ緑のダムという素晴らしい機能を、彼らは日常生活の体験で知っていて、その知識が、いわば血の中に流れていたからである。

たとえば、じりじりと進められた開発の影響で、むかしは赤石川の橋から飛び降りた子供の足は川底に届かなかったのに、水量が減った現在では長靴を履いて容易に渡れる。

流域には、アユのヤナ場が五箇所もあったのに、いまはわずかに一箇所。しかも夏場は、酸欠のため浮上して死滅する魚さえ出るなど事態は深刻であった。

開発派、反対派双方の話し合いのなかで「林道は線だ。地球をマクロに見れば深刻に考えなくともよい」（大意）と言った行政側の発言が記録されている。

そこには、いったん出港した船は、いかなる理由にせよ目的地に着けるという、行政の面子を死守する役人の憐れな姿があった。

また貴重な自然の開発だけに、環境影響評価は、的確かつ綿密な現地調査に立脚するのが当然である。しかし、行政がコンサルタントに委託して行った調査報告書には、初歩的ないくつかのミスがあり、世間の批判を浴びる結果となった。

その一例を以下にあげる。

報告書には、青森県には存在しないはずのサワラが出てきたり、当地にはないオオシラビソの針葉樹林帯があるなど、学識者の批判を浴びた。行政は開発を急ぎ過ぎたのではないか。

そして結局、反対運動は功を奏し、また自然保護の世論の高まりから、八九年四月、林野庁は原生的な国有林を保護するための制度として、森林生態系保護地域の構想を打ちだし、青秋林道は永久凍結の道をたどることになった。

「高い授業料であった。しかし、二十一世紀の子供たちに遺産を残し得た」

こんな声がしきりに聞こえてくる。

雑木の怒り

政界再編、新党の結成がささやかれている。既成の政党・政治家に魅力を感じないという、いわゆる無党派層が、テレビの世論調査では有権者の五割を超えている。それを裏付けするかのように、今年になっても、あらゆる選挙の投票率は、きわめて低調である。

そのなかで、キラリと光る星を暗雲の隙間に見つけたような気がする。さきがけの鳩山由紀夫代議士である。氏が、これからの政治には美学が必要だ、政治に美をとりいれたいと発言するのを聞き、長いこと求めてきたのはこれだと直感した。興奮したといったほうが正しいかもしれない。

政治とはおよそどろどろしたもの、その主張では選挙を勝ち抜けないのではないかの質問に、「当選のために政治をやっているわけではない」との答えはさわやかだった。代議士になるために、信念や操を売って選挙民に媚び諂う多くの政治屋が一瞬頭をかすめた。

鳩山家といえば、弟の邦夫代議士も注目の一人だ。文部大臣当時、福岡県下で開かれた両陛下ご臨席の全国植樹祭でのことである。会場が雑木林を伐り倒して造成されていたため、日ごろから貴重な里山保全を唱える大臣は、

「木のないところに木を植えてこそ植樹ではないか。大切な雑木林を伐り倒して会場にするのはいかがなものか」

と、用意された祝辞の巻紙を無視して、異例のスピーチを行った。おざなりの、官僚が用意した味気ない文章を棒読みする歴代の大臣に比べ、それは清新だった。

また記者会見などで、環境教育をどうする心算かと尋ねられ、氏はこう答えている。

「エコロジー、オゾンホール、地球環境サミットなど——専門用語や理屈をいくら教えこんでも身につくものはわずかだろう。要は子供たちが自然の素晴らしさを知り、自然に対する畏敬の念を抱くかどうかである。それには、子供たちと自然との出会いの機会をできるだけ多くつくることが大切だ。ふれあいから自然に対する愛もおそれも生まれるはずである。その舞台はなんといっても雑木林が一番。雑木林や草っ原は最高の自然教室だ。だが、これらはいま絶滅寸前の状

態にある。とにかく雑木林――むかしから言う里山を守り、春には林のなかにわけ入ってコゴミやタラノメなどの山菜を採り、天麩羅にしてその最高の風味を味わう子供は、一〇〇パーセント自然大好き人間になると思う」（土井林学振興会「森林」二九号）

このように知的で清新、自然を守ることに政治生命を賭ける政治家に対し、お粗末きわまる政治屋も知っている。

六〇年代のブナ開発林道の建設と伐採に群がった人々である。

大先生と呼ばれる地元代議士を、大ボス・小ボスが取り巻いて霞ケ関に圧力をかける。林道の建設が正式に決定すると、もみ手をしながら工事は手前どもへと大先生に近づく。一枚二万円のパーティ券が売れに売れる。

これは、当時業界の近くにいて、一連の流れをじっと見てきた友人の証言である。しかしこの話、なにもこの世界だけのことではなさそうだ。自民の五十五年体制当時、どの業界でも大かれ少なかれ、これに類することがひんぱんに行われていたことは常識である。

決してエリートの精英樹ではなく、いわゆる雑木と言われ、思われているわれわれ名もない庶民の当面の目標は、次期選挙で、政治家と政治屋の区分を明確にすることではないのか。

五月末の新聞によれば、「鳩山新党はソフトクリーム」（自民総理談）とある。せいぜい得体の知れない真っ黒のドリンクよりもはるかに健康的だと考えるが如何。

伐採無残

友人のＳ君は、林学を専攻して大手製紙会社に入った。彼が会社から命じられた仕事は、当時奥地に眠っている材木——パルプ資源の開発であった。Ｙ県の山奥、ブナ伐採現場に勤務し、連日山男たちと起居をともにして、伐採・搬出の指揮をとった。

日本中が開発ブームに沸き立っていたころの話である。その彼がいま当時を振り返って、こんな述懐をしている。

「毎朝、現場に向かう途中、さしかかる峠から伐採区のブナの巨木を見ると、灰色の象の大群に見えた。季節は春先、樹幹に垂れ下がった氷柱が折からの朝日に溶けて輝き、涙を流しているように思えた。やがて伐採が始まると、チェーンソーから飛び散るブナの細片に陽が映えて、真っ赤な血がほとばしっているようで憐れだった」

あれはいつのころだったか、秋たけなわの一日、筆者は治山調査でＮ県北部の林道を歩いていた。日本海が美しく、その先に佐渡が光って見えた。いつもは静寂なこのあたりだが、さきほどからエンジンの音が後を絶たない。

現場——林道の終点に駆けつけると、この世のものとも思えぬ黄金色に紅葉したブナが、つぎつぎに切り倒され、轟音を響かせながら谷間に転落していく姿をそこに見た。

その夜、ひなびた鉱泉宿の露天風呂で、湯治客のこんなつぶやきを耳にした。

「昔は杣人《そま》が鋸で手でこいだのに、現在は機械で何百年という木をたちまちのうちに伐っていく。人間が直接植えたわけでもない天然林を、ああも簡単に伐り倒してよいのだろうか。山の神様は怒っている」

元長野営林局の田添局長は、筆者の知る限り、もっとも敬愛する森林技術者であった。日本の森林の伐期齢は短か過ぎるという指摘のほか、同氏の持論である、

「森林の経営計画について、個々の分野の技術は、それなりに体系づけられ、確立されているが、これらを総合した技術は残念ながら皆無に等しい。その総合化・立体化が確立されない限り、山は決してよくならない」

が、忘れられない。

林業近代化の呼び声で、いち早く機械化が行われたのは、伐木・集運材の作業分野であった。手鋸はほとんど自動鋸に変わった。全国各地に集材機が導入され、また土木機械と自動車工業の発達は、奥地にまで簡単に林道を敷設し、いともたやすく木材を市場に運搬できる体系をつくり上げた。

このような奥地林の開発は、いくら機械化しても、伐木・集運材の経費を、里山よりも当然高

いものとする。収益性は低い。

その収益性を、いくらかでも大きくするためには、さらに機械の大型化が必要になる。機械が大型になると、いきおい大面積伐採になる。結局堂々めぐり。原因が結果を生み、その結果がまた原因をつくって、一時期、山は裸になった。

このような一連の考え方には、林業・森林の必要な再生産を約束する森林の復原が、全然配慮されていないのである。つまり、伐木・集材・運材作業が単独で他を顧みることなく走り過ぎたと四手井博士（森林生態学）も述べている。

戦後、日本林学会や林業技術協会は数多くの伐運材部門における調査研究に対し、学会賞・技術賞を授与している。森林の更新を無視して機械の大型化、伐採面積の増大をねらったものが、果たしてこの賞に値したのかと不思議に思う。

目先の利益にとらわれず、将来を展望した総合的な技術が駆使されない限り、日本の森林の明日はない。

森林の遺伝子

仕事でインドの田舎に暮らしたことがある。いちばん弱ったのは、なんとも形容しがたい猛暑と日々の食事であった。しょっちゅう海外を歩いているくせに、いっこうに上達しないのが民族料理である。

決して食わず嫌いではない。どうしても体が受けつけないのだ。現地の環境になじまなくてナチュラリストを名乗る資格などないと、周囲の面々は厳しく迫るが、こればかりはただ頭を下げるのみである。

だからインドではもっぱら長めのさらさらした現地米に、日本から送られてくる海苔、佃煮、梅干しなどを副えたインド風和食で糊口を凌いできた。

世界のコメは、丸くて粘りのあるジャポニカと、前記のインディカの二つに分類される。そしてそれらの味覚は、舌ざわり、歯ごたえ、喉ごしという三つの物理的な物差しで甲乙が決められると聞く。

現地の生活が長びくにつれ、いつかインディカ離れをおこし、この苛酷な条件下で仕事を遂行するには、日本米に限ると、急遽東北米を取り寄せたりもした。あの熱風吹きすさぶ異境――インド大陸で、これくらい強く、ありがたい味方はなかったのである。

秋田、仙台、山形（庄内）など東北の米どころの後背地には、かつては豊かな農業用水を供給するブナの水源林があった。仙台平野には船形・栗駒・蔵王連峰、庄内平野は月山・朝日連峰など、奥地はブナに覆われていた。

東北地方にはむかしから、こんな諺が伝えられていた。

「ブナの森林が生む水っこは肥料いらず」

「ブナの実一升、金一升」

腐葉土が生むブナの森林の水は養分に富んでいる。ブナの森林が持つ豊かな生産量とともに、水土保全、山菜の恵み、野鳥獣の保護など——諺には、ブナの森林の多角的な公益機能が讃えられているのだ。

このブナに着目し、その下流の土地を拓いた先祖の卓見に頭が下がる。

いったん伐られたブナの復原には時間がかかる。皆伐跡地の植物の遷移は駅伝競走にたとえられ、その最終ランナー、つまりアンカーがブナだとされている。とにかくブナの復原には時間がかかる。ブナの二次林が滅多に見られない理由もここにある。

さて近年、自然林など自然の生態系を守る必要性が、視点を変えて強く訴えられるようになった。ご存じバイオテクノロジー（生命科学技術）の発達により、自然の生物が持つ遺伝子に注目が集まるようになったからだ。

残念ながら現在の知識では、そこ（自然林）にどんな遺伝子が存在しているかは判っていないが、これらは将来の人類に利用されて、きわめて大きな効用があるとの期待が寄せられている。だから自然林など自然の生態系を保護しておけば、明日でないにせよ、将来かならずや大いに役立つであろうというのである。要するに自然保護こそ、この大切な遺伝子の保護につながるというわけである。

自然の生態系では、日射のエネルギー、大気の諸成分、水、生物に影響する種々の元素、土壌物質などが常に流動しており、生物はこの流れに参画することによって生育をつづけている。言いかえると、自然生態系とは、この流れが自然のままに整然と系統だって行われていることをいう。それゆえに、森林を伐採したり、道路を開設したりする行為は、いかなる場合にせよ、この流れを乱し、妨げることになる。

だからこそ、すっかり開発が進んでしまった日本だが、既往の開発地域の高度利用を心掛け、自然度の高い生態系を少しでも残す努力が必要となる。

将来の遺伝子の活用を展望した国土の利用――為政者に目先のカネに幻惑されない高邁な精神と判断がいま求められている。

へりくつ

あれはいつのことだったか、岐阜で開催されたグリーンシンポジウム「国民の森林——国有林を考える」が思い出される。「自然保護と林業」をテーマに掲げ、保護と林業それぞれの立場から白熱した議論が展開された。

当時、世間を賑わした北海道知床の国有林伐採問題について、松田林野庁次長（当時）は「これからの森林の取り扱いは、もっとオープンな姿勢でやっていきたい」と発言したのがいまも脳裏に残っている。

日本の自然を愛し、長野県黒姫高原に住む作家、C・W・ニコル氏の基調報告「森林は何を生み出すか。酸素であり、水であり、エネルギー、山菜、動物、人の楽しみだ。日本の自然はだんだん貧乏になっている。日本の森林は日本の文化であり、日本の水であり、日本人そのものなのだ。日本の森林が悪くなるのは、林野庁や営林署の責任ではない。みんなの責任だ」と訴えたひとこまは圧巻であった。

そしてこの壇上から、只木信州大学教授（当時）は「自然保護といえば、木を切らないこととという短絡的な理解が多い。人手が入ることで森林が維持・強化されることを知ってほしい」と訴えた。

この只木教授の話、人工林の場合には確かにうなずける。普通のスギ山では、一ヘクタールに約三千本の苗木を植え付ける。そしてそれが大きくなるにつれ、徐伐・間伐（抜き切り）作業を繰り返して、木の成長を図り、何十年後の伐採の時期には、ヘクタール当たり三〜四百本くらいに調節するのが林業の経営技術である。

しかし近年では、山村の労務不足、木材価格の低迷などから山の手入れが停滞し、手遅れの森は全国にごまんと見られる。手入れは当然、緊急の課題である。

だが、白神山地など広葉樹の天然林・原生林には、この論法はなじまない。営林署がブナの伐採に反対する地域住民・自然保護グループを説得・説明する言葉に「森林若返り論」があった。

「伐採の予定箇所は老齢過熟林だから、このままでは危うい。だからこれに手を入れて蘇らせたい」

過去に原生林の伐採を進める上で、幾度この言葉が使われてきたことか。ロウレイカジュクリン——森林の専門家の言う言葉だからと、つい信じてしまった人も少なくなかったのではないか。森林の若返りのために老齢過熟林を抜き切りする。——この熟語の定義は、林学の世界には存在しない。

権威あるとされる林業百科事典（丸善）のどのページにも見つけることはできなかった。まことに不可思議な話である。

だいたい、自然の森――原生林は、さまざまな樹齢の木で巧みに構成されていて、過熟した木が自然に枯死して倒れれば、その木の樹冠の部分が開いて、適当な陽光が林床に注ぐ。そして周辺の母樹から飛んできた種子がそこに定着、やがて発芽し、それが生育して若木となる。とにかく自然の環境はそんなにひ弱ではない。人の手を借りなければ世代交代ができない自然――原生林なんて、この地球上には存在しない。

一度でよい。森林に立ち入り、森林を歩き、森林のすべてを凝視すれば、保護を主張する側にこんな説明は到底できないはずである。伐らんがための苦しい説明。これが伐採の免罪符だとすれば悲しい話だ。

森林・林業の経営は、農作物と異なり、人間一生一代かかって、やっと収穫にこぎつけられるかどうかの長いインターバルを要するものである。

だから行政は、将来の展望の上に立って合理的・科学的に堂々とこれを進めてほしい。あくまでもフェアに。ごまかし・へりくつはごめんこうむる。

過疎の村

「むかしは家に三声ありと言われた。赤ん坊の泣き声、学校から帰った子供が本を読む声、そして家のなかで働くお年寄りや親たちの仕事に励む声だ。そこには生活の喜びとリズムがあった。しかしいま多くの村々は過疎に陥り、集落は森閑として不気味さが漂っている。聞こえるのはテレビのかすかな音ばかり……」

これは過日行われた「山村のくらしを考える」シンポジウムで発表された過疎の村の実態である。日本の豪雪地帯の山村は、いつからこんな状態になったのだろうか。

そこで、かつてのブナの里のくらしを再現してみた。

「灯火近く衣縫う母は春の遊びの楽しさ語る……囲炉裏火はとろとろ　外は吹雪」

ご存じ、文部省唱歌「冬の夜」の一節である。キーワードは囲炉裏。そしてこれを中心に、人々の生活は展開されていた。

かつてのブナ帯山村の生活は、家族が強いきずなで結ばれていた。山仕事に出られない吹雪の日には、囲炉裏に薪をあかあかと燃やし、暖をとりながら一家は団欒した。そこは食事の煮炊きだけでなく、親から子供に村の歴史や民話を伝承するコミュニケーションの場でもあった。夜長の冬はワラ細工や裁縫などにみんな精を出し、ひたすら春の到来を待った。

ブナの森には自然の恵みが豊かであった。多くの木の実は、飢饉や自然災害に備えて貯蔵され、囲炉裏の煙はこれをよりよい状態で保存するのに役立った。また萱ぶきの屋根を適度に乾燥させ、二倍も長持ちさせるなどの効用を発揮した。

囲炉裏の灰をも決して無駄にはしなかった。山から持ち帰ったトチの実は、天日で乾かし、大きな鍋にこの灰を加えて十分に煮立て、清水で洗ってトチ餅の原料にした。もち米と一緒にせいろで蒸しあげ、臼でついたトチ餅は、普通の餅にくらべて硬くならず、カビも生えにくくて香も豊かであった。味は適度にほろ苦く、素朴。それは深山の精とも言われた。また樹脂の少ないブナの木は、食品の薫（燻）製にも愛用された。奥只見地方のイワナ、かつての日光帝釈山のハコネサンショウウオのそれは絶品、多くのグルメにとって垂涎の的でもあった。

ブナの森、ブナの里からは、伝統の日用品等の数々が産み出された。トウツル、アケビ、ヤマブドウのつるなどの自然の素材は、春先から夏にかけて調達され、冬の到来まで家のなかに保存された。そして吹雪の夜、囲炉裏の裏の傍らで見事な手づくりの品々に変わっていった。

菅笠、地元で「てんご」と呼ぶ手籠、蓑、ふご（畚）、深靴など……。みんなそれぞれに材料の個性を生かした逸品ぞろいである。そこには現在のブランドものには見られない素朴さと人間のぬくもりがあった。

だが時の流れは、豪雪の山村を一気に押し流し、人々の生活を改変した。深刻な過疎化現象は広く各地を席捲し、その現象は多くの村々に定着した。原因はいろいろ考えられるが、基本的には政府がとった一次産業を必要としない政策こそが元凶であるとの指摘が前記シンポジウムの発言のなかにあった。

この政策は、産業構造、経済構造ばかりか、素朴さとか人間のぬくもりとかを大事にしていた国民の精神構造まで変えてしまった。過疎こそはまさに近代社会の癌である。だから的確な対症療法はないのではないか、という意見も加わった。

しかし、こんな事例もある。ブナの里岩手県沢内村はかつて豪雪・貧困・多病の寒村であった。しかし、村の行政と村民の英知・勇気は見事にこれを克服し、幸せと健康の村としてよみがえっている。

いま必要なのは、愛ときめのこまかい行政である。決してあきらめてはいけないのだ。

名もない草木

「武蔵野の自然を守りたい」このご信念で、昭和天皇はお住まいの吹上御所の一木一草をこよなくいつくしまれたと伺っている。

ある日、庭園一面に繁茂している草を見て、宮内庁庭園課の職員が「せめて庭先の雑草だけでも抜いてよろしいでしょうか」とお伺いしたところ、こんなお言葉が返ってきたと聞く。「雑草という名の草はないよ。みんなそれぞれに名前を持って生きている」

全国の都道府県（民有林）や営林局署（国有林）に備え付けられている森林の戸籍台帳――森林簿には、なぜかスギ・ヒノキ・マツなどの樹種だけが固有名詞で示されていて、ほかは一括、その他ザツとして取り扱われている。

水をつくり、空気を浄化し、素晴らしい景観を演出する木々に対して、いささか失礼ではないかとの思いは深い。

わが国の自然はおよそつぎの三つに分類される。
①白神山地に代表されるような原生林、鎮守の森などに見られる極相的な自然。
②すでに人手が加わった二次的な自然。たとえばかつて薪炭林として利用された里山の広葉樹林など。
③ゴルフ場など人間の意志が強く働いた人工的自然。
である。

そして従来から、自然保護の対象として取りあげられてきたのは、①が大半である。これらには当然希少価値があり、残存させることは必要に違いない。

しかし、これを国土全体からとらえた場合、その占有率は大きくない。だからこれにこだわり過ぎていると、肝心要の、大切で身近な自然をつい軽視することになりかねない。人間の日常生活には、身近に触れることができる緑いっぱいの自然が必要である。それは②の二次的な自然――里山などに見られる雑木林である。

ところが、筆者には合点がいかないのだが、林野庁などは未だにこの林を低質広葉樹林と呼んでおり、これに対する期待が必ずしも大きくないように考えられることである。

里山などの雑木林は、かつて薪や炭の生産に大いに役立った。近年になってプロパンガスなどの普及があったにせよ、これを低級な林と決めつけることはいかがなものか。森林は木材生産の対象でなければ一人前ではないとの思想がまだまだ根強く残っているように思われる。

里山や郊外の雑木林は、都会人にとって素晴らしい自然を提供してくれるオアシスなのである。

早春の一日、落葉が一面に敷きつめられた林の小径を歩くとき、木々の芽は赤褐色に輝き、生命の息吹を感じさせてくれる。ほどなくどこからかシジュウカラが訪れ、落葉をほりかえし、クヌギの幹に住む虫をついばむ。

夏になればこの林は子供たちの天国である。カブトムシ、カミキリ、各種のチョウの採取に喚声があがる……。

都市の林も決して例外ではない。たとえば古都京都をとりまく林はすべて二次林である。風致保安林として有名な名勝地嵐山もその一部なのだ。

日本海に浮かぶ飛鳥（山形県）では、水不足に悩んでいたが、この二次林の強化を図ったところ、山が水を生み出したという。その成果は、森林空間研究所（札幌・東三郎氏主宰）主催で、この夏、現地で報告されるようだ。筆者の期待は大きい。

森林を木材生産の場という視点でとらえる時代は終わったはずである。今後は、この貴重な二次林の機能をいかに高めるかが課題となる。その課題を実行するのにどうやって当たるべきか。

プロ野球の大沢元日ハム監督は言っている。

「チームの強化は、選手一人一人の能力の開発とチームワーク」

さすが親分である。

森の動物たち

「白神山地とかけて何と解く」「大金持ちの冷蔵庫と解く」「ココロは何から何まで完璧にそ

ろっている」

白神の山々を愛し、いつもここを訪れている友人の動物学者O君はその豊かな動物相をこう語っている。

ブナの森は昆虫の宝庫である。樹に寄生するもの、林床に棲むものその数、数千種。彼らをねらって野鳥や小型動物が集まる。そしてそれを目当てに大型動物が定着する。ここには素晴らしい動物の生態系が形成されている。

この山にはまた山菜、木の実、キノコなどの食料も豊富で、村人はかつて主要な食料のほとんどをここから調達していた。

近年、日本人の食生活は大きく変貌したが、自然食ブームにのって、人々はアケビ、キイチゴなど各種の野趣を求めてやはり山に入っている。このようなブナの森の豊かな恵みはまた、クマ、カモシカを筆頭とする多食性大型哺乳動物のすみかにつながる。

この森の動物たちの生活体系は、一部神秘のベールに包まれているが、ここではクマ（大型）とウサギ（小型）を俎上にあげ、生態の一断面をクローズアップすることとした。

白神山地のツキノワグマの活動は四月下旬、雪解けとともに始まる。

このころ森の湿地には多くの植物が花を咲かせるが、そのなかのひとつに猛毒のバイケイソウがある。これは山菜（食用）のオオバキボウシそっくりで、人間サマは誤ってよくこれを食べて中毒症状をおこす。

しかし、彼らはそれをよく知っていて、決して口にはしない。クマが持つ第六感＋アルファには感嘆のほかはない。

もっともここにはヒメザゼン、ミズバショウ（ともに有毒）も生育していて、これにはよく食指を伸ばす。ところがこれはどうやら、冬眠中に腹に溜めた物を排泄するため、一定期間の下剤効果をねらっているのではないかと考えられる。ただただ脱帽するばかりである。

五月になると彼らの活動舞台は山地に移る。ここでは地蜂、蟻などを食べながらチシマザサの筍に挑戦する。山菜採りの人間と鉢合わせして騒動が起こるのはこの時である。

彼らはまた林床に落下した木の実を好む。このとき落葉や土をかきおこし、発芽の条件を高めてくれる――。

ウサギの足跡を追って雪上を歩いたことがある。足跡をたどっていくと大木の三メートルほど手前でそれがプツンと消えている。彼はそこからオリンピックの跳躍選手よろしく、その大木まで一気にジャンプして臭いを消し、キツネやテンの追跡をかわしたのである。

その一方、彼らはこんな間抜けな一面をも持ち合わせている。夜行性のウサギは夜間、餌を求めて山野を駆けまわる。そして食事を摂って満腹を覚えると眠くなり、ふらふらしながら歩行をつづける。歩幅は徐々に小さくなり、ついにはいずれかの山陰で寝入ってしまう。この歩幅で猟師に見つかり、たちまち御用になってしまうのだ。彼の油断はカメとの競走の時代からつづいている。

雪上の動物たちの足跡はそれぞれに特徴があって興味深い。キツネは一点一筋。一直線になってつづく。タヌキは前後の足が千鳥状になり、その間は箒で掃いたような痕跡を残す。太い尻尾の跡である。ウサギは後足二本が左右対称に、前足二本は斜に構えている。

かつてのブナの森は、人間が生活していく場であった。そこには多彩な動物が棲んでいる。自然いっぱいのこの森こそ、人間が自然の掟を学び、地球人としての生き方を会得する研鑽の場ではないかと筆者は思う。そしてこれを守るのは地球の間借り人である人間の責務であるとも。

豊穣の秋

東北の秋は早い。ねぶた、竿灯などの祭りの興奮がさめると、朝夕そこはかとなく冷気が忍び寄る。

九月も半ばを過ぎると秋雨前線は、ここ白神山地を訪れ、一雨ごとに山々を色づかせる。この白神山地に精通している秋田県の藤田さんは、その秋をつぎのように描写している。まず下層部のウルシが紅をつけ、オオカメノキの楕円形の葉が、黒みを帯びた赤色に染まる。ヤマブドウの葉も紅葉し、オオバクロモジは美しい黄に色づく。

そして十月、ブナは天空を覆う樹冠から徐々に黄金色を深めていく。沢筋のカツラの円い葉が金色を誇りつつ風にそよぐ。サワグルミの黄葉の間からは短冊型の実が黒くたれさがり、林床一面には、ブナ、トチ、クリ、ドングリの実が散乱する。そして絢爛たる森を縫って走る清流に、秋の日がまぶしく映える。森は豊穣のクライマックスを迎えたのだ。

ブナの森ほど天の豊かな恵みにあふれた世界はないであろう。あといくばくかで訪れる冬将軍、豪雪、あるいは冬眠に備えて、大型、小型それぞれの動物たちは木の実などをたらふく食べ、せっせとそれらをねぐらに貯える。天の摂理、自然の仕組みには感嘆するばかりである。

多くのキノコの中にマイタケも顔をのぞかせる。それは天然の芳香、味も絶佳である。これを手にした村人は歓びで自然に舞うという。

以上は白神山地の絢爛な秋の一端の描写である。

万葉集以来、古今、新古今、後撰和歌集、山家集……と、日本人は自然を詠唱しつづけてきた。自然の代表的なものは雪月花、とくに、時代、階層を通じてもっとも広く愛され、歌われたのは桜であった。西行法師は繰り返し、繰り返し桜を詠みつづけた代表的な歌人である。その歌のひとつひとつをとれば、さほどの傑作ではないものを含むにしても、生涯桜を求めた旅がしのばれる。

西行のみならず、王朝時代から鎌倉室町時代にかけて、王侯貴族、庶民の桜に対する憧憬には、現代のわれわれにとって想像を超えるものがあったようだ。

桜を憧憬の対象にした時代の森林を考える。この時代、生の自然、または森林は、人間の生活地周辺に近接しており、そこには人と森との厳しい対峙があったのではないか。当時の人々は森林に対しては、恐怖、信仰、修練の思いが強く、人間の方から親しみを持ってたやすく接近できなかっただろうと思われる。そして森に愛情を向けることなく森を壊してきた。

森林が破壊され、機械文明が浸透し、人口密度の高まりで（皮肉なことだが）人間ははじめて、自然＝森林に心ひかれるようになったと考える。

ときおり出席するＮＧＯ（非政府系）森の会議で、開発途上国の森林伐採に関連して、イギリスの森林が話題にのぼる。

十八世紀末まですっかり森林に覆われていたこの国は、産業革命で森林のことごとくが破壊され、壊滅状態に陥った。こんにち森林面積は全国土のわずか数パーセント、かつて全国土を占有していた広葉樹林は低平地、丘陵地帯は耕地、牧場と化し、山地は草の繁茂する荒廃地となった。政府は第一次大戦終了以降、大造林計画を展開しているが、道はけわしいという。

日本も例外ではない。森林の破壊がもっとも早く、かつ強烈だったのは中国地方である。その端緒となったのは奈良東大寺の建設である。同寺の知行国にあてられた備前・周防の国々から、樹高三十メートル、直径二メートルという巨木が供出されたとの記録がある。

長い間の活発な森林開発の歴史は、いまようやく終焉を迎え、落ち着きをとりもどしたように感じられる。しかし、地球規模の森林破壊は決して終わってはいない。

過度の開発も一定の線までいけばかならず元に戻ると識者はいうが、森林の再生がどんなに困難か、イギリスの例で明らかである。人間はバカではない。とすれば、息苦しくなった地球で、森林破壊という後戻りは許されない。的確な行動が必要である。

ブナいろいろ

いい酒、いい人、いい肴を求めて、夜の巷を徘徊する居酒屋研究会の藤田千恵子さんは、新橋こそサラリーマンの心の故郷と言っている。私にとってのふるさとは、三丁目の「C」、今宵も常連の客で賑わう。この店の話題は豊富で、何気なく口をついた話が、波紋を広げ、ぐんぐんふくらんでいく。

「ぶなっていろいろの字がある。マツは松、ヒノキは桧一字なのに、広辞苑には、橅、椈、山毛欅と三つも載っている」。すかさず隣から模、檥、武奈があげられる。「たしか古事記のブナは樗だった」の声もかかる。これがこの店のすごいところだ。「橅は木材としての利用価値が無かったから。椈は豊年の年に実を手で掬ったから椈」。こんな解説も加えられる。

「ブナは英国ではビーチ、ドイツではブーへ、スウェーデンではボック、この語感には万国共通の響きがある」。これは国際通のKさん。学の片鱗がのぞく。

「ブナは腐りやすい木だ。材には脂分がなく、切り口はバサバサして木材としての利用価値は小さい。しかし世界中でいちばん愛され、高級家具として売れているのが、トーネットの曲げ木のブナの椅子。ブナの単板（ベニア）をつるのように柔らかく曲げて作られる。これはとくに欧米人に好評だ」と、話題は別の方向にふくらむ。

先月の「伐採無残」に登場したSさんもこの店の顧客。青春時代、開発ブームに乗って、会社の命令でブナの巨木伐採に当たった胸の思いを、こんな歌に託している。

雪上にブナ刻みゆくチェンソー／血反吐《ちへど》の如き木削《きくず》はきゆく

こちらは四丁目の「S」、濃紺の暖簾に染めぬかれた個性的な白い屋号が夜目を射る。名門県立長野高校同窓会の東京の拠点でもある。いつも地元から上京のOBたちが訪れ、店内には日本の屋根信州の気が漂う。酒は辛口「大信州」、旬の食材に主人自らの包丁も冴える。

この店恒例の年中行事に、顧客の懇親とレクリエーションをかねた信州のブナ林への秋のキノコ狩りがある。リーダーはもちろん、キノコ博士で山菜採り名人の主人である。

「近年各地のブナなど広葉樹が人工のスギに変わっていく。豊かだった森の恵みは少なくなった。自然をもうこれ以上改変しては絶対にいけない」と厳しい。

昨秋、豊穣の森を訪ねた客の一人は、キノコ狩りの成果を誇り、その夜の宿のもてなしと、山の幸の味覚に思いをはせる。となりの客は、森のなかでたわわに熟したアケビを手にした歓びを語る。

キノコはコレステロールを除き、血圧を調整し、菌類に含まれた多糖体は制がんにも効果がある。ビタミンにも恵まれ、とくにB_2・D_5は骨をつくり、肝臓を強化する——ナラタケ、ナメコ、クリタケ、ムラサキシメジなど——。

みんな森の恵みに詳しく、そして心はもう、この秋の信州の森と、さわやかな空気、心こもれる宿にとんでいる。

近年、カラオケは心の憂さの捨て所とか。ときにはそれもよいだろう。しかし秋の宵、たまにはマイクを離して、人間と自然について語る機会を持つのも、また乙なものではないだろうか。

白神山地と屋久島が世界の自然遺産として登録されて以来、来訪者が後を絶たず、自然の荒廃が各地で目立ち始めたようだ。そしてこの対策として入山禁止の方向が検討されているやに聞く。

しかし、これこそ入山者のマナーで解決できるのではないか——そう考えながら「大信州」をぐっとあおる。今宵、新橋の夜は静かに更けてゆく。

第四章

自然破壊への憂い

森林を軸に考える

火山列島日本　噴煙をあげる桜島

酸性雨のシャワーで大理石の彫刻も被害を受けている（ローマで）

災害国日本　雲仙普賢岳の爆発

樹齢 7200 年といわれる屋久島の縄文杉

この地球から森林が消滅したらどうなるだろうか。過去の歴史は各地に栄えた文明が、流域の森林の消滅によって滅亡したことを数多く証明している。紀元前黄河流域（華北）、チグリス・ユーフラテス、ナイル川の場合などがそれである。

森林はオアシス、人間の文化、文明はこの森林があってはじめて保たれる。かつての宇宙飛行士のガガーリンも、そして近くは向井さん、毛利さんも宇宙船から見た地球の輝くブルーの美しさを賞讃しているが、森林の消滅はこのよろこびを奪ってしまうに違いない。

本章はこの森林を軸に、いまやじりじりと進みつつある自然破壊への憂いについて、その断面をとりまとめてみた。

① ブラジルのリオで開かれた地球環境サミットで先進国、途上国の間で議事は難航した。なかでも森林問題はその最たるものであったようだ。いずれも森林の持続と生活権の確保が論議の的であったが、森林の持続については、東南アジアの熱帯多雨林に話題が集中した。これについて白ラワンなどの有用な木だけ伐って、あとはそのまま野放図に放置している。これでは早晩人類は滅亡の道を辿るのではないか、そう考え、怒りにふるえながら、オロオロと歩いたかつてのボルネオの森林が脳裏から離れない（森林の持続）。

② わが国の国有林は、森林面積の三分の一を占め、主としてこの列島の奥地水源地帯に位置している。この経営管理はいままで独立採算の国有林野事業特別会計で運用されてきたが、

結局三兆五千億円もの赤字を出して、デッドロックにのりあげてしまった。

民間企業でいえば倒産である。ここまで経営をもってきた見通しの甘さと、赤字解消のためにとってきたムダについて、反省と点検が望まれる。森林でもうける時代は去った。今こそ森林を守る時代だとしみじみ思う（赤字三兆五千億円）。

③ 自然破壊～森林の消滅の原因のひとつに酸性雨がある。いまこの被害は世界の各地に及び、筆者もその惨状を北欧等の森や湖で見据えてきたが、こんな世界の実態に対し日本の現状はどうなのか、七〇年代のはじめ、北関東の一部で「スギ枯れ」や「目がしみる」などの訴えがあったが、最近はそのような被害を訴える声もなく好ましく感じている。失手必勝、海外に見られるような被害を防止するために積極的な手だてが望まれる。国境を越えた大気汚染の根源を断つための外交も必要である（降り注ぐ酸性のシャワー）。

④ 山津波はおそろしい。この発生源と森林の間には深い関係がある。平成九年に大きな被害を与えた鹿児島県出水市の場合、その発生源の森林は、かつての製紙会社の伐採跡地で、クスの根を掘りとり、そのあとを単に人力で簡単に埋めていた話を聞いておどろいた。これでは豪雨で崩れ、これが土石流の発生につながるおそれは大きい。集落上流の森林基盤は大丈夫なのか、点検が必要である（山津波・上）。

⑤ 同じく出水市の現場の場合、土石流は下流の針原集落をのみこみ多数の犠牲者を出したが、この上流に建設されていた砂防ダムの土砂貯留機能が小さかったため、結果として災害を大きくした。砂防ダムは上流の森林と密接なかかわりがあり、ダムは建設省、森林づくりは林野庁の所管となっているが、この両者の併合こそ行革の目玉のひとつではないのか（山

津波・下)。

⑥　日本は自然災害が多過ぎる。革新的な技術でこの災害を防止軽減することは可能な筈だ。ある識者がそう語った時から三十年も経つが、依然としてその被害は跡を絶たない。昭和二十八年六月、戦後の後遺症が色濃く残っていた西日本災害を思い出し感懐は深い(宿命の災害列島)。

⑦　環境保全～エコロジーが大きく叫ばれている。しかし現実には実の伴わない形式的、表面的なものも存在する。大手釣りメーカーと結託してバス釣りブームをおこし、日本の湖の生態系破壊の一助をかっているケースもある。なにごとにも本物と似非がある。冷静な立場でこれを見ぬき、見分ける姿勢が大切である(似非について)。

⑧　世界の各地でいますさまじいばかりの砂漠化が進んでいる。同じ砂漠化でも気候の乾燥化によってかつての熱帯の密林地帯が砂漠化したサハラ砂漠、旱ばつ、人口の激増による燃料としての樹々の伐採、過度の放牧が拍車をかけているセネガル、エチオピアの事例等がある。この緑化にはムードやロマン、精神力だけではおぼつかない(砂漠緑化)。

⑨　人類の自然遺産として登録されている屋久島縄文杉を探訪した。この島を訪れて、前にも述べたが、環境庁や町役場の職員が幅をきかせていて、この森林を直接管理してきた国有林～営林署の影が極めて薄いことを痛感した。この森林も技術の注入を待っている。モチはモチヤに任せたい(縄文杉探訪)。

⑩　わが国の森林は一見豊かに見えるが、一歩林内に入るといろいろな面から荒廃は進んでい

る。率直に言って日本の森林は見せかけの緑だという声もある。森林の健全化のための間伐(抜きぎり)等の手おくれのため、森林の中に陽光が入らず、下草は枯れ、雨水が直接表土にあたって、養分が流亡するなどの現象が見られる(手おくれの森林)。

⑪ 世界一を誇る韓国ソウル郊外にある光陵森林博物館を視察した折り、大ジオラマ「二十一世紀の森」が展示されていて、政府は国民につぎの世紀にはこのような森林で国土を覆うことを約束するとのメッセージがそえられていた。わが国も林野関係の公共事業として、「造林」「林道」「治山」事業が進められているが、韓国の事例にならって将来の森林の姿を国民に約束することはいかがなものか。

公共投資についてのさまざまな批判も、この方式により国民の理解はえられるのではないか(公共事業)。

⑫ 環境問題に関心の深い客層で賑わう東京・新橋の居酒屋C・Sは今宵も賑わいを見せている。「最近の尾瀬はずい分様相が変ってきている」ホシガラスに代わって、低地に見られるキジバトが幅をきかせるようになった。歩道のほとりには同じようにワレモコウがはびこり、かつての自然の聖地は俗化してきた」と生態系の変化を嘆き、自然保護を訴えるのは、SのマスターKさんである。ここにはまだ地球に優しい人々が談笑し、素朴な自然の料理がとびかっている(環境酒場)。

森林の持続

あれからすでに六年が経つ。

ブラジルのリオで開催された地球サミット——環境と開発に関する国連会議では、先進国、途上国相互の利害がからんで議事は難航した。なかでも森林問題は複雑で、その最たるものであったようだ。当時のメモから改めてこの問題に触れてみたい。

開発と保全とのかかわりでいえば、木材等の森林資源は伐り出せばすぐ金になるため、途上国はこぞってその自由を確保したいとがんばった。一方、先進国は「地球温暖化防止のためにも、森林は残すべきだ」と国際的な主張を繰り返した。途上国はすかさず、つぎのような先進国責任論で噛みついた。

「貴国だって国土はもともと森林で覆われていたはずだ。スコットランドもそうだ。あの産業革命以前は、森林と湖の国だった。製鉄に石炭を用いる前の燃料は木炭だったから、すべての森林は伐採された。だから先進国には森林を復原する努力が必要だ。そして、現に森林資源を求めているのは先進国ではないのか」

先進国はこのように森林問題で喉元を完全に押さえられてしまった。そしてこの問題を軸として、すべての途上国は口をそろえて、地球環境問題の責任は先進国にあるとし、必要な保全の施策をとるべきではないかとの議論を展開した。双方の話し合いは平行線をたどったが、結局お互いに過去の歴史と恩讐を越えて、すべての国が、それぞれの立場から地球環境問題に貢献しようとする線で一致をみた。

先進国は途上国に対し、「森林資源についてはその主権を認める。しかし、その森林は、いつまでも持続が可能な（サスチナブルな）管理を行う」と提案し、その約束がとりつけられた。

森林の持続・保続はなにも目新しいことではない。森林を管理して持続させることは、元来林業経営のゆるぎない原則であった。

森林はそれが生長した分だけ伐っておれば、その質と量は常に一定していて安泰であるという考え方である。

例えば、ある流域の森林を百等分して、毎年そのひとつひとつを着実に伐って植林していけば、最初に伐った箇所を二度目に伐るときは、その箇所の樹齢は、百年という見事な森林に育っているという寸法である。一般に林学でいう法正林という思想である。戦前の森林はこの考え方に守られてきたから、秩序は保たれていた。

それがある日突然に、山地に肥料を施したり、新しい技術の開発によって、森林の生長量を高めうるのではないかとする仮定の条件を担保にして、実際の生長量を上回る伐採が始められたのだ。これが世にいう、昭和三十二年からの愚策（あえてそう言いたい）「生産力増強計画（拡大造林）」であった。

元来、自然は複雑な要因を多く秘めており、その改変は人間の力のとうてい及ぶものではない。人間が自然の還元に一部手伝うことは可能かもしれないが、これを改変しようなんて考えること自体が大きな奢りに違いない。

だから人間は自然にやさしく、自然の荒廃に手を貸してはならないのだ。これが地球に住む人間のマナーである。しかし、これに背いた例は枚挙にいとまがない。

東南アジアの熱帯雨林はその一例である。美味しい木だけ伐採してあとはそのままの、荒れ放題なのだ。そこには「持続する森林」の片鱗すら見られない。「これでは早晩、人類は滅亡の道をたどるのではないか」と、怒りにふるえ、泣きながらおろおろ歩いた森林が改めて思い出される。

百の論戦よりも一つの実践の大切さを痛感する。

赤字三兆五千億円

国民の共有財産である国有林野の特別会計が三兆五千億円という膨大な赤字を抱えてとうとう暗礁にのりあげてしまった。民間企業ならとっくに倒産である。

国有林野はわが国森林面積の三分の一、七百五十万ヘクタールを擁し、日本列島の脊梁とも言われる奥地水源地帯に広く分布して、いまはもう死語となった「山紫水明」のニッポンを支えてきた。この国有林野事業は、戦後なぜか特別会計——木材の販売収入をもとに、これですべての事業をまかなう独立採算方式で運営されてきた。

この会計破綻の原因をおおざっぱにいえば、戦後植栽した木が若すぎたり、保育、保護する必要があったりして、収入源である伐採量が減っているうえに、木材価格の低迷、外材の輸入、自然保護に対する国民の要請の高まりによる伐採の制限、そして、過去の森林整備などのための借入金返済や利払いのためにまた借金せざるを得ないという状況が続いているためである。

こうした経営を改善しようとした過去のいくつかの計画は、どれも効果をあげ得ず、ことごとく挫折してしまった。「決意を新たに組織を挙げて取り組む」と発表した林野庁の宣言はまったくの空念仏に終わってしまったのだ。いまから考えるとすべての改善計画は、木材生産による経営の重視という従来の延長線の枠から脱するものではなかった。

その間、収入確保の目的で、かなり無理な伐採、森林の売り払いが懸命に行われ、国民の山々は荒廃してしまった。国民の顰蹙をかい、強い反対を押し切って、貴重な森林は姿を変えた。白神、知床、傾山など枚挙にいとまがない。

このことを考えるとき、筆者はつぎの話を思い出す。一九七三年、後に昭和の黄門さまと慕われた福田赳夫総理が国務大臣当時、国会の質問に答えて、こんな答弁をしている。

「わたくしも以前、大蔵大臣として国有林野会計の独立に力を入れてきたが、この辺でその考え方を転換する必要があるのではないか。国有林の持つ公益的な任務に対しては、何らかの財政の調整を図るべきである。いままでの考え方を切りかえる必要がある……」

一日、仲間が集って、これが話題になったとき、異口同音、こんなきびしい意見が渦をまいた。

「(福田発言のような)チャンスがありながら、なぜ抜本策が講じられなかったのだろうか。例えば平成三年、閣議了解の『国有林野事業経営改善大綱』にもとづく法改正のあと、平成四年に立てられた計画――平成十二年度までに借入金依存から脱却、同二十二年度までに収支を均衡させるという目標は、どう考えても常識的には無理だったはず」「役人は体質的に前案踏襲の姿勢をくずせないのではないか」「せっかく公務員試験の難関を突破して入庁したのだ。せめて俺が長官になるまでは改革を待ってほしいという気持ちがあったのではないか」等々である。

七月九日、国有林野事業の抜本的な見直しを進めてきた林政審議会（首相の諮問機関）の答申（中間報告）が出た。だが、具体的な方策はこのなかから見えてこない。筆者が奇異に感じたことは、国有林野事業の目的を「木材生産による経営重視から、環境機能の重視に転換する」というくだりである。いまさらなにを、の感が深い。このことはすでに近年の常識ではないだろうか。

森でもうける時代は去った。今こそ森を守る時代の到来であるとしみじみ思う。そしていま必要なのは、この事態を招いた為政者の深い反省と、それに立脚した英知と決断である。国有林は国民林である。

降り注ぐ酸性のシャワー

手をかえ品をかえて日夜茶の間に届けられるテレビのＣＭ。昨年、筆者の心をとらえたのはこんなコピーだった。

「人間が何兆円かけても自然はつくれないが、ここには本物の自然が生きている　鹿児島県」

幻想的な蒼い森林を背景に、淡々と語られるこのナレーションこそ、自然がつぎつぎに姿を消し、すっかり息苦しくなったいま、愛しの地球への警鐘と受けとめた。

自然破壊――その原因のひとつに世界に降り注ぐ酸性雨のシャワーがある。ご存じのとおり、工場や火力発電所などから排出される硫黄酸化物や、主に自動車の排気ガスに含まれる窒素酸化物が、雨と一緒になって地上に降り注ぐのだ。そしていつの間にか沼や湖の水を酸性化して森林を枯らすなど、生態系に大きな影響を与えるものと恐れられている。

九六年春、筆者は世界最大の酸性雨被害国と言われる北欧スウェーデン・ストックホルム郊外ウプサラの国立農科大学にいた。八五年以来、三度目の訪問である。

ここで森林環境研究所のパーソン教授から、

「酸性雨被害は完全に慢性化の症状に陥った。森林と湖のこの国では、八万五千もある湖沼のうち、二万五千がその被害を受けており、五千を上回るところで魚は完全に死滅した」

との話を改めて聞かされ、慄然とした。そして真摯につづけられている独創的な研究の成果に接し、深い感銘を覚えたのである。

しかもこの地球で、この種の被害はなにもここだけではない。あちこちの先進国にじわじわと広がっているのだ。

九五年、阪神淡路地震の直後に訪れたカナダ・ケベック郊外の楓糖をつくるカエデ林の経営者はこんな嘆きを語ってくれた。

「最近カエデの先端の葉が黄変したり、落葉が目立つし、木の生長にかげりを感じる。酸性雨のせいじゃないだろうか。日本の地震は突然やってきたが、われわれも木が枯れて大変なことになったと気がついたら、酸性雨のせいだったということだけは避けたいものだ」

その前年、北欧ラップランドの猛吹雪の森林のなかで、トナカイの大群を引きつれた現地人に遭ったとき、彼らの冬の唯一の飼料であるコケが年々おかされていることを知った。

ドイツ南部に横たわるシュバルツバルト——黒い森は、すばらしい針葉樹で覆われ、林学を志す人々にとって憧れの聖地でもあった。二十数年前はじめてこの森林に入って感動したが、九〇年、再び訪れたこの地で、酸性雨が原因とされる枯死木を数多く発見し、その変貌ぶりに思わず息をのんだ。おののいたという表現が適切かもしれない。

ドイツといえば八五年、(財)土木研究センターの環境調査の途中、立ち寄ったケルンでは、ライン川沿いのプラタナスの樹とともに有名な、あの大聖堂の壁が真っ黒に汚染されていて驚いた。剥落して地上に落ちていた黒い一片を、ある塗料メーカーの研究所で分析した結果、元凶は酸性雨であると知れた。

さてこんな世界の実態に対して日本の現況はどうなのか。七〇年代のはじめ、北関東の一部でスギ枯れや「目がしみる」などの被害がつづき騒然としたが、その後被害を訴える人もなく、近年では欧米にくらべて酸性雨に対する意識と関心は風化しているように思えてならない。

しかし、海外のような被害は日本に決してもたらせてはいけないのだ。それには国境を越えた大気汚染を減らす施策が望まれる。油断大敵、先手必勝を訴え、この冬の京都での国際会議の成果を凝視している。

山津波（上）

深夜、突然の轟音に寝込みを襲われ、体ひとつ、闇の中をただ夢中で逃げまわった。

「山鳴り、立ち木の裂ける音、石がぶつかる不気味な音――まったくこの世のものとは思えなかった」

七月十一日の朝、鹿児島県出水市針原地区の土石流災害を報じたテレビの画面には、壊滅した集落を背景におののく泥まみれの被災者がクローズアップされていた。死者十八人、行方不明三人、負傷者……この報道に「ああまたもか」と臍《ほぞ》をかんだ。

この春の秋田県八幡平の温泉旅館街の決壊、昨年冬の長野県小谷村の治山ダムの決壊と十一人に及ぶ犠牲者を出した土石流災害――頻発するこの種の災害に切歯扼腕の思いは深い。

建設省は土石流が発生し、民家五戸以上に被害が及ぶおそれのある地域を「土石流危険地区」

に指定している。一般には「土石流危険地域」と呼ばれ、現在全国に八万箇所あるとされている。全国どこで起きても決して不思議ではない。

この土石流。山津波とも言われ、発生形態にはいろいろあるが、豪雨などで沢の上流の山腹斜面に水が集まって山崩れをおこし、地中から噴出する水と、地表の流水がいっしょになって一気に急斜面を流下して土石流となるのが一般的である。冒頭にあげた出水市、小谷村の場合もこれである。

では土石流の発生を未然に防ぐにはどうすればよいのか。現在は土石流の待ち受け工法として、砂防・治山ダムが設けられているが、基本的には引き金となる山崩れを断つことこそ必要ではないかと考える。

今回のふたつの斜面の森林をみる限り、防災上必ずしも立派なものではない。つまり林木の根ががっちりと山肌を緊縛していたとは思えないのだ。出水市の場合は、製紙会社の伐採跡地であり、またクスの根を掘りとり、そのあとを人力で埋め戻しているとの話を聞いて唖然とした。

国立林業試験場(現森林総研)が、かつて全国の五〇地区で一万余箇所の山崩れの跡地を一定の方法で調査した結果、無林地は有林地に比べて単位面積当たりの崩壊地の数で二・三倍、面積で二倍、崩壊土砂量で一・三倍となっている。

また森林の林相別では、いろいろの樹種が混交している天然林は、同一の樹種からなる人工林よりも、山崩れは少ないとされている。

林齢と山崩れの発生面積率の関係は、林齢が若い（一〇～一五年）とき、山崩れが多く、林齢が高くなるにつれてその発生は少なくなっている。一〇～一五年生の森林で山崩れの発生がもっとも多いということは、伐った木の根が腐って崩れを防ぐ力をなくし、新しく植えた木が若くてまだ根が発達していないからである。

森林の山崩れ防止・軽減の効果――言いかえれば木の根の土を緊縛する力は、その根を引き抜くときの抵抗力と比例すると考え、伐根と植えた木の抵抗力を樹齢別に比較した試験データがあるが、これもそのことを裏づけている。

これらの結果から土石流対策には、即効果のあがる砂防ダムと併行して、国家百年の大計で、上流森林地帯の整備――立派な森林をつくることとをセットで進めることを提案したい。

コンクリートは耐久性があるといっても、年々その強度は低下していくが、森林は年々その力を増していくはずである。そして土石流が発生しやすい急斜面危険地帯の森林に、あらためて注目をお願いしたい。見かけだけの緑、中身のない空っぽの森林（どうもそれはある種の人間にも共通すると思えてならないのだが）もあるのである。

山津波（下）

戦後まもなくGHQ天然資源局のローダ・ミルク（准将?）は「日本の砂防技術は世界に冠たるもの。サボーという語呂もいいからこれを国際語にしよう」と提案した。

砂防事業は現在、国際協力の一環としてインドネシア、ベネズエラなど世界各地で土砂災害の防止・軽減をめざして推進されているが、その名称はいずれも万国共通のSABOなのだ。

この事業の中核となるのが砂防ダム。山登りなどで山間に入ったとき、沢などによく見かけるコンクリートの堰がそれである。土石流などの土砂災害を土木的手段で対応する場合、もっとも有効なものとして期待を集めている。そして行政のうえでは砂防ダム（建設省）、治山ダム（林野庁）の二つがある。

今年七月の鹿児島県出水市の土石流災害では、壊滅した針原集落の渓流に沿って百メートル上流に高さ十四メートル、土砂の貯留量一万二千立方メートルの砂防ダムが完成されていたが、この容量をはるかに上回る厖大な土石流がこのダムを乗り越えて集落を直撃した。

昨年十一月の長野県小谷村の場合は、最上流部に設けられていた治山ダムが、土石流の衝撃をうけて跡形もなく消え、この土砂が下流の現場で働く多くの作業員を一気に呑み込んでしまった。

これらのダムは土石流に対して抵抗を示し、そのエネルギーの減少に役立ったのでは――と唱える人もいるが、これだけの災害を受けた以上それは通用せず、やるせない思いは一入である。

元来ダムの価値は基礎にありと言われている。基礎こそダムの命なのだ。しかし山地の土石流危険渓流では、不安定な土砂が厚く堆積していて、堅固な基盤につけるには厖大な床掘りを必要とする。そして、これによって生じる土砂がつぎの土石流の予備軍になるおそれも存在する。

だから通常の場合、ダムは固い基盤につかない浮き型（フローチングタイプ）のものが少なくない。前に述べた出水、小谷のダムもこのタイプで基岩に着いていなかった。

また建設省の河川構造物の基準によると、高さ十五メートル以上のダムの場合、基礎は着岩しなければならない――など、構造上の制約が多くつけられている。だから十四メートル以下のものが圧倒的多数を占めており、予想以上の土砂が流出してきた場合、これに抵抗できないというケースを招くことにもなる。

これに関連してこんな思い出がある。昭和五十三年新潟県妙高山で、大地滑りが引き金となって発生した土石流対策の一環として、函型の構造物を気圧の力で徐々に地中に沈下、着岩させた。潜函工法（ニューマチックケーソン）である。この工事は、この工法の特許を持つ大豊建設（東京都中央区）の施工によるもので、付近の浮き型ダムに沈下などの現象が生じているなか、厳然と妙高の山に睨みをきかせている。

筆者が言いたいのは、土石流災害は自然破壊の最たるものだということである。だから、その対策には真剣な創意工夫が必要である。

十年一日のごとき基準マニュアルの偏重ではなく、現場の諸条件を点検・調査するとともに、その条件にマッチした工法の採択に取り組むべきだ。森林とのかかわりからいえば、土石流渓流沿いに砂防林——災害緩衝林の重厚なグリーンベルト——の造成に力を入れてほしい。

一般に、ダム工事は建設省、森林造成は林野庁とされているが、公共事業が国民注視の的となっているいま、セクト（縄張り）の解消も緊要である。ダムと、災害に強いみどり（森林）のアンサンブルこそ、防災・環境保全を希求する国民の強い願いなのだ。

悲しい熱帯雨林

赤道直下の強烈な太陽が今日も容赦なく肌に照りつける。少し歩いて首に巻きつけたタオルをしぼると、まるで濡れ雑巾のように汗が地上にしたたり落ちる。この島——ボルネオ島を訪れたのはこれで何度目かと、暑さでぼけた頭を使いながら生ぬるい水筒の水を飲む。

植物が生育するための要件は、水、光、温度とCO_2だ。この水が極端に不足する砂漠、温度が極端に不足する極地を生命抑圧の極みとすれば、一年中水も温度も不足しない熱帯多雨林は、生命繁栄の極みであろう。

緑したたる東南アジアの熱帯多雨林の中心であるボルネオ島では、巨大な高木層の高さが六十メートルを超える。そして樹木の種類も桁外れに多い。このように高温多湿という樹木の生長条件に恵まれた熱帯雨林では、森林の生物生産量——樹々が呼吸して生活するうえで生産される熱量——がきわめて高く、年間を通じての総生産は一ヘクタール当たり百二十五トンに達すると言われている。九州地方の暖帯林のそれが五十～八十トンだから、その倍に近い大きな値である。

このように熱帯多雨林の持つ高い生産量は、森林の持つ葉の量の大きさに関係している。光合成——光のエネルギーを用いて吸収した炭酸ガスと水分から有機化合物を合成して植物は生長する——の担い手である葉の量を表すのに、植物群落が占める土地面積と、それらの葉の面積の比率があり、これを一般に葉面積指数と呼んでいる。

葉の面積の測定は、木々の葉っぱを全部取りさり、面倒だがその一枚一枚の葉の面積を測ってその合計を求め、それらが占めている土地面積と比較するという寸法である。

タイ国の南端に近いカオ・チョンの熱帯多雨林における葉面積指数はおよそ十二、すなわち土地面積の十二倍にも及ぶ光合成面積を持っているのだ。わが国のブナ、ナラ等温帯の落葉樹林では四～六くらいが普通だから、熱帯多雨林が持つ葉の量の多さには驚くばかりである。そしてこの大量の葉が一年中休みなく働くことが、高い生産力の原動力になっている。

この熱帯多雨林は、地球表面のわずか七パーセント程度を占めるに過ぎないが、ここには地球上に存在する野性生物の種の四〇パーセント以上がいることも忘れてはいけない。

このように貴重な熱帯雨林が、いま地球の各地で荒廃の危機に瀕している。話を前のボルネオの森林に戻そう。

島の中部――現地の干満の激しい川の両岸にはおびただしい原木が積まれているが、その大半は丸太の中心部が空洞になっており、まるで鉛筆工場の倉庫を見る思いである。まったく使いものにならない丸太の山また山――。ついで奥地の伐採地に入ると、計画的な伐採はいっさい見られず、次代への更新策など皆無にひとしい。

現地の人たちはその昔、「侵食」(エロージョン)という言葉を知らなかったが、いまは日用語になっているという。それほどに荒れている。熱帯多雨林の土は一見肥沃に見えるが、いったん森林が破壊され、土が露出すると、急激に不毛の地に変わっていく。

つまり直接太陽のもとにさらされた表土は、風化作用を受け、土層から塩類・珪酸が急速になくなり、落葉など有機物の供給もとだえるため、土中の有機物は分解されてしまうのだ。これに加えて、絶え間なく訪れる降雨のたびに表層の土壌は流亡し、溶脱していく。

このように熱帯多雨林は、人間に痛めつけられ、踏みにじられて泣き叫んでいるのだ。日本はこれら熱帯雨林の伐採からすでに手をひき、買い付け、輸入業務に携わっているだけだというが、いままでの恩恵に報いるためにも、地球環境・木材利用の両面からも手厚い熱帯雨林復原への施策を望みたい。恩人を悲しませることは人の道に外れるからだ。

宿命の災害列島!!

「日本には自然災害があまりにも多過ぎる。せめて災害の犠牲者を欧米並みにできないものか。革新的な技術の開発と的確な行政の展開によって、それは十分に可能な筈」かつてそう喝破したのは、北海タイムスの黒沢社長であった。あれから三十有余年が経つ。しかし昨年夏の北関東～栃木県那須町を中心にした中小河川の氾濫は行政の予測を裏切って大災害をもたらし、残念ながら災害列島日本の健在性を認識させてくれた。この二月、横浜南区のマンション裏手の崩壊は、斜面の上砂が建物の三階までを埋没させ、世間に大きな反響をまき起した。直接土砂に埋まった外廊下には、住民の主婦らが立止って談笑する姿がよく見られたという。土砂崩壊の予兆に対し住民の度重なる陳情に、管理者である防衛施設庁は、素人の事務官を現地に派遣してこれに対応していたことを耳にして、こんなことが脳裏をかすめた。「マンションの住民一人守ることができずに、どうして国が守れるのか」と。戦後の日本列島は自然災害のオンパレードであった。キャサリン・アイオン台風等の被害は言うに及ばず、五七年の諫早（長崎県）、五八年の狩野川台風（静岡県）五九年の伊勢湾台風（東海地方）など、性懲りもなく襲来する災害に対処するため、政府は抜本的な施策として「治山治水緊急措置法」を制定し、国を挙げての防災対策に着手した。現在は五カ年計画も第九次に及び、その投資額は兆のオーダーに達しているが、整備率は必ずしも万全ではない。いま国土は快的環境《アメニティ》を求めて開発に対して環境影響評価が実施されているが、その最たるものは災害の防止、軽減にあることが忘れられているような気がしてならない、そして同時に災害は単に自然現象だけでなく、これがさまざまな社会現象をひきおこすことを忘れてはならないのだ。学窓を出て以来半世紀、もっぱら自然災害とともに生きてきた筆者にとって、もっとも思い出に残る災害の一端をここに紹介したい。五三年（昭和二十八年）の六月、九州中北部に停滞した梅雨前線は、執拗に北上南下を繰り返し各地に豪雨をもたらした。なかでも熊本市内を貫流する白川上流の阿蘇山南斜面には数百ミリメートルの大雨が集中し、根子岳周辺の山々は、山容改まるという表現がぴったりの崩壊を起した。山が崩れる時の轟音は落雷の発生そっくりで、地元の色見地区の住民は一晩中、その恐怖におののいたという。そしてこれらの生産土砂（火山灰砂）は、五十キロメートル下流の熊本市内に乱入し、市の中心部の太洋デパートは、一階の天井まで土砂に埋まるなど街は泥海と化したのである。市の入口、白川に架かる子飼橋の橋脚には、流木とともに上流からの死体が累々とひっかかりこの世の地獄であった。この時筆者は災害防止軽減の仕事を天賦の職と決めた。災害調査の概要をまとめて、当時福岡市に設営された政府の災害対策本部に、局長のお伴をして本部長の大野伴睦副総理を訪ねたのも懐しい思い出の一つである。刻々と水位が上昇し、破堤寸前の矢部川（福岡県）で、両岸に対峙していた住民が対岸の堤防の破壊と泥流の流入を見て万才を三唱した事件は、人間のエゴを思いきり知らされた悲しい事件であった。

熊本市の白川沿いの青線地帯～高田原には赤い灯がともり、膝まで泥につかりながら必死に客を引く厚化粧の女性の姿がいまも瞼に浮かぶのである。貧しく悲しい日本の姿に、筆者の胸はただキリリと痛んだ。

似非について

写真家・作家の藤原新也氏とはバブルの最中、臨海副都心のあの狂ったとしか思えない開発に対し、「環境を守る会」を結成してともに闘った仲間である。彼が会長、私が副会長、この闘いを通じて彼独特の環境観など多くのことを学んだことを思い出す。その彼がいまこんなことを言っている。

「エコロジーものというのは、時代の要請によって生じた絶対悪の様相を示すだけに、偽善がまぎれこむ危険もある。大手釣りメーカーと結託して、バス釣りブームを起こし、日本の湖の生態系破壊の一助をかっている輩や、添加物のたっぷり入ったハムメーカー・キャラクターの自然派作家などが、エコロジー本にしたり顔で登場するうさん臭さも、私たちは見破らなければならないのである」(朝日・味読乱読)

いま、自然の保全を論ずるときに、似非と本物、知ったかぶりと無責任の区別を明確にする必要性を痛感する。

日本からつぎつぎにマツが消えて久しい。懐かしい白砂青松の海辺、名だたる史蹟・名勝に見る風格ある老松も、いまはもう記憶のなかに留まっているだけだ。その元凶はマツクイムシ。

林業試験場など全国の試験研究機関はその駆除対策に全力をあげて取り組んできたが、そのなかで十年ほど前に犯人と思われるマツノザイセンチュウの群れを虫害木の材の中に発見し、これで対策の目途がついたと歓声をあげた機関がある。そんなときある学者が言った言葉をいまも忘れない。

「例えば地すべりの発生に地下水がいたずらすることが判っているが、今回の成果(マツノザイセンチュウの群れ発見）は、この次元のはなし。要はこの水（虫）をいかに排出させるかだ。この確立があってはじめて対策は花が開くもの。これが本物の技術なのだ。真の研究者は決して功を焦ってはいけない」

マツクイムシの件——まだ対策は確立されていない。

八四年、長野県西部地震現場でのことである。震災の翌日、余震のつづくなか命がけでの現地調査を終えて、王滝村役場に帰ってみると、某大学の某教授が涼しい顔でマスコミに説明している現場に遭遇したことがある。聴いてみて、彼が現地の状況をいっさい把握していないことに唖然とした。そういえば彼の著書には、現場体験が皆無なのに、どこからか転用した対策が麗々しく載っている。

この分野は経験工学の世界で、木を直接植えた経験がないのに園芸の入門書を書くようなものだ。似非というよりもこれはすでにモラルの問題だろう。

さて世は地球環境ブームである。計画性のない開発は、日々の生活をつづけるうえで息苦しささえ感じさせる。その息苦しさが環境への関心、森林への関心を大きくしているのだろう。だからといって、森林を造成して、大気浄化や酸素浄化を森林の機能だけに頼ろうとすることは、森林に対する過大評価ではないのかと考える。

たしかに森林にはこれらの機能を備えてはいる。が、これだけですべて解決できる問題ではない。

只木博士（名古屋大学）はいう。「林業人の間でも森林の重要性を説く話題として、これらの機能を持ちあげがちであるが、これは林業人の立場を軽薄なものにしかねない」

要するに森林の機能は必ずしもパーフェクトではないし、またそう考える謙虚さが望まれるのだ。そこで改めて総合的な施策の推進が必要になる。

決してムードに酔うことなく、科学的なデータをチェックするなど、冷静な立場で「本物」と「似非」を区別し、知ったかぶり、無責任発言、ムードと観念論を見抜くことが、地球環境問題に取り組む当面の課題ではないかと考える。

そういう私にとって森林とは何か——我田引水と言われようとも、それは心の支えである。

地球の砂漠化

八〇年代のはじめ南米チリの砂漠イクサに立ち寄ったことがある。ここは世界一の寡雨地帯で、年間降雨量がなんと〇・七ミリメートルと聞いて、このようなミクロの水をどうして測定したのかとの思いが一瞬頭をかすめたことを思い出す。

宇都宮大学の中山先生は、かつて国連の環境計画局に籍をおいた若き学徒である。当時新任の局長が部下の全員を一堂に集め、「わが国連のデータでは、地球上で一年間に六〇〇万ヘクタール（これは日本の四国・九州の面積に相当する）も砂漠化が進んでいると公表しているが、その根拠は」と質問したところ、だれも答えられなかったという挿話を、直接ご本人よりうかがった記憶がある。

地球環境にかかわるマクロな基本データは、ときたま一人歩きするようだが、筆者が巡った体験からみてもこの地球、すさまじい砂漠化の進行は確かなようだ。

砂漠というと多くの人々は熱帯を思い出すだろう。著名なサハラやアラビア砂漠はその代表的なものだが、中国のゴビ、南米の前記イクサ、パタゴニア（アルゼンチン）などは北海道より緯度の高い地方に介在する。砂漠ができる条件は、降った雨よりも地面からの蒸発量が上回る場合であるという。

降雨量より蒸発量が大きいとは、一見奇妙に感じるが、砂漠の周辺に降った雨が地表を流れたり、地下水として砂漠に供給され、これが蒸発していくというメカニズムである。

さて、どの砂漠もむかしから砂漠であったのだろうか。

サハラ砂漠に例をとると、この砂漠一帯は、かつては熱帯の密林であった。それがいつか気候の乾燥化によって、森林は徐々に草原に移り、その後紀元前二千年に入って気温の上昇、降水量の激減などで砂漠になってしまったという。

このような長年にわたっての気候条件の変化によって完全に砂漠化している地域に対し、エチオピア、セネガル等に見られるように六〇〜七〇年代の旱魃、人口の激増に伴う燃料としての森林の伐採、過度の放牧が、砂漠化に拍車をかけている。そしてそこには必ず住民の飢えがある。

こんな現場に入ると、地球環境問題とは「美しい森林や珍しい動物を保護することではなく、富の平等の問題であり、民主主義そのものの根幹にふれる事柄である」としみじみ思う。貧しさが砂漠化に拍車をかけ、砂漠化が貧しさを再生産している。

この地球の砂漠化阻止のため、世界各地で緑化などの対策が進められているが、つぎはピラミッドの国エジプトに見る、砂漠緑化の一断面である。

国土全体が砂漠のこの国で利用されている土地はわずかに三パーセント、農耕地の大半はナイル川沿いの幅数キロと北部河口の扇状地地帯だけである。

緑化にはいま、赤ん坊のおむつとして利用されているアクリルの細片を砂漠の砂にまぜ、散布しているが、この物体は猛烈な吸水力があり、その量は自己の数百倍に及んでいる。植えられた植物の根は、地中でこの物体から水分を供給され、生長するという寸法である。

通産省のODA（政府開発援助）による血みどろの試験が展開されているのだ。砂漠の緑化により地球環境の保全を図ろうとするのは人類の大きな夢と願望である。しかし砂漠の土は大半が死んでおり、水の供給を含めて、植物生理に適応する条件はきわめてきびしい。

だからODAなどによるプロジェクトもこれを推進するに当たっては、目標を明確にするとともに、住民の生活・生命、乾燥の度合い、地下水の有無など、現地での綿密な検討が必要である。地球の砂漠化を阻止する大事業に対するのに、単なるムードやロマン、精神力だけでは、竹槍で戦車やB29に立ち向かった五十年前の愚を繰り返すことになりかねない。

縄文杉探訪

この夏、瀬戸内海国立公園・五色浜海水浴場（淡路島）に遊んだ。清澄な渚につづく砂浜に設けられた防潮護岸の前庭には、無造作に投げ捨てられた空きカンが散らばり、その数の多さに驚いた。そしてその醜さに、日本人のマナーいまだし、とやりきれない思いにさいなまれた。世界の自然遺産として登録された南西の孤島屋久島――その象徴である縄文杉を訪ねたときもこれに似た思いであった。

樹齢七千二百年の老杉を保護するために、根株の周辺にはロープが張り巡らされ、侵入禁止協力の注意も提示されていたが、その内部には無数の足跡が入り乱れ、膨軟な土は堅く踏み締められていた。

縄文の時代からきびしい風雪に耐え、地中の酸素・水を吸って懸命に生きてきた彼に、こんなむごい仕打ちをするとは――、まさに人間不信、思わず怒りがこみあげてきた。ここには他人様への思いやり、愛情はなく、ただエゴだけが渦を巻いていた。

だから現場にはご多分に洩れずゴミ問題が横たわっていた。自然遺産登録後、環境庁や地元の上屋久町は交代でパトロールをつづけるとともに、ボランティアの協力を得てゴミ拾いを進め、登山者にはゴミ袋を手渡し、ゴミ持ち帰り運動を展開しているが、その道は険しいと聞いた。

九州一の標高を誇る宮之浦岳（一九三五メートル）登山の道すがら、流行の登山服に身を固めた紳士が周辺を見渡しながら、飲みほしたジュースの空きカンをヤクシマシャクナゲの叢の中に投げ入れる現場が一瞬目に入った。こんなことを黙って許せない筆者は、すかさずご注意申し上げたが、同時に「お節介がトラブルに発展しかねないというから自重してね」との家人の日頃の忠告が頭をかすめた。嫌な世の中だ。

自然を守ることは登山者ひとりひとりのマナーである。まして世界遺産に登録された以上、世界に対してこれらの遺産を保全する努力は、日本人として当然の責務ではないか――。

屋久島に来て気づいたことがある。そのひとつは花之江河から坊主岩―縄文杉―ウィルソン株―三代杉を経て小杉谷に至るコースをたどると、山体が花崗岩で構成されているこの山では、歩道が大きく侵食・決壊し、歩行が難渋をきわめたことだった。一緒に歩いたアメリカ人は、「これが国立公園？　しかも世界の自然遺産のプロムナード？」と苦情をもらした。

いまひとつ。この島では環境庁と町役場の職員が幅をきかせていて、森林を伝統的に管理運営してきたはずの営林署の影がきわめて薄いことが気になった。

たしかに国有林野事業特別会計の赤字挽回のためにハードな伐採等をつづけ、それが林相の悪化につながったことは否定できない事実である。結果として、社会的な悪者との非難の声もあるかもしれない。

しかし、その責任は林野庁の幹部にこそあれ、第一線の現場で劣悪な条件と闘いながら、指示にしたがって体を張った人たちにあるだろうか。彼らを一方的に責めることはいかがなものかとの思いを持った。森林の管理経営には、技術・ノウハウ、そして人手がかかるということがいま忘れられつつあるようだ。

この広大な遺産を持続するためには、パトロールを主とする環境庁や町の力ではおぼつかない。とくに、これからの生命技術科学の発達に伴い、森林に秘められた、保護されるべき自然の遺伝子源の価値が注目されている。だからこそいま、森林をきちんと守っていく技術の投入こそ必要である。

筆者らをガイドしてくれた営林署のＯＢは前記歩道の修理など森林の保全に自信のほどを示し

てくれた。森林は技術を待っている。モチはモチヤに任せたい。

手おくれの森林

「対岸の山は見事ですね」「国有林なのです」「なるほど、道理で」

むかしは、こんな会話が当たり前であった。しかし、いまは……。

NHKテレビ「クローズアップ現代——木曽の美林はなぜ消えた——国有林三・五兆円の巨額負債」(八月二十七日放送)は世間に大きな反響をまきおこした。筆者のところにも視聴者の知人・友人から多くの意見・質問が寄せられた。

その要旨は、樹齢二百年ものヒノキの黒い森林が見渡すかぎり伐倒され、はげ山同然になったことへの抗議であった。

いかに特別会計の赤字解消策とはいえ、森林は木材生産のためだけにあるのではないはず。画面にクローズアップされたかつての清流の荒廃ぶり——土砂と伐根が堆積し、降雨のたびに洪水をひき起こしているというくだりには思わず目を覆ってしまった。

しかし、これはなにもここだけの話ではない。東北・白神山地反対の声が高まって伐採が凍結され、それがやがて世界の自然遺産登録に結びつく間のハードな伐採の影響をもろに受けて、近くの赤石川では、むかしは橋の上から飛び込んだ子供の足が川底には決して着かなかったのに、現在は水量が減って長靴をはいて容易に対岸まで渡れるように変わったのだ。

一方では森林が水をつくり、土砂の侵食・崩壊を防ぐばかりか、景観保持の機能をも唱えながら、木材生産のみに専念したツケがいま国民に回されてきた。

木一本首一つの藩政時代からきびしく守られてきた木曽の美林が、木材利用だけの視点で管理経営され、消滅したことをどこに訴えればよいのだろうか。

地球上で森林が破壊され消えていくなかで、国土面積の六八％を占めるわが国の森林は、一見豊かそうに見える。しかし、一歩林内に入り込むと、いろいろな意味で荒廃は進んでいる。日本の森林は見せかけの緑だと断言してはばからない識者も少なくない。

かつて「あそこは山の陰に隠れていて里から見えないから伐ってもいいだろう」と言った山役人がいた。いまや宇宙に人工衛星が飛びかい、地球上の情報は刻々ととらえられる時代である。姑息な手段はもう真っ平である。

さて日本の森林は、国土が焦土と化したあと、戦災復興の資材として活用された。しかし、伐採だけで植林をしなかったため、戦後の数々の台風や集中豪雨によって山は大きく荒廃し、このため政府は災害の防止と木材需要の増大への対応策として昭和二十五年より造林事業を積極的に推進した。

間もなく安い外国産の木材が輸入され、国内の林業育成の長期的な目途もつかないまま、国産材は外材に押され、昭和五十年には国内の木材需要のなんと六割以上を外材が占めるに至った。あの当時、林野庁、外務省、通産省はもっと高い次元から木材政策を協議・検討できなかったかと悔やまれる。

その後、山村での林業離れ、過疎化、高齢化が拍車をかけて国内林業は完全に低迷してしまった。当然森林の保育（枝打ち、除伐、間伐）にも手がまわらず、いま膨大な造林地で、若木どうしが生長を邪魔しあい、根張りの不足から台風・豪雪で倒れている。

また森林の中に陽光が入らないため下草は枯れ、雨が表土に直接当たって養分が流亡し、荒廃を進めている。そして貧すれば鈍す。この弱った木々を、病害虫が虎視眈々と狙っているのだ。

これらのはげ山、手おくれの森林に、いまこそ国家百年の大計のもと、国をあげての復興運動の推進を強く訴えたい。

手元にある三十年前の機関紙に「二十一世紀の子孫に遺産（美林）を残す」と、林野庁幹部の写真入りの論説が載っている。それはもう幻影――うつろでしかない。

公共事業

オランダの経済学者S博士はこう言っている。

「公共事業は夜汽車で走るな。時刻表を広く国民に示し、昼間の列車で正しく走ろう」

けだし名言――。同感である。戦後、この名言と反対の、夜行列車で迷走した事業を数多く知っている。

「なぜここにこんな施設ができたのか?」に「△△先生の地盤だから」「○○先生が予算をつけてくれたから」

これでは血税に泣く一般市民は浮かばれない。

政府の赤字財政再建の一環として、いま行政改革の検討がしきりである。

九月三日の行革会議の出した中間報告に、いわゆる族議員と霞ガ関のお役人がいっせいに噛みついたという。農林族のM代議士は「行革委員は素人の集団、もっと専門家の意見を集約すべきだ」と決めつけている。それもわかる。しかし何よりも自己の権益、省益優先がみえみえの皆さんに耳を貸して、果たして行革が完全に遂行できるのだろうか。私利私欲が働いてはフェアな行政は絶対に不可能だからだ。

この先生、先般の諫早干拓ムツゴロウ事件のテレビ討論会で、反対側の菅直人元厚相を素人呼ばわりしていたが、当のご本人も元林野庁の事務官、山のことはともかく、海についてはズブの素人といえば失礼か。これはムツゴロウも大切、人間もまた大切と考える筆者の正直な感想である。

さて林野の公共事業は、造林・林道・治山の三つ。これらを総合して、日本列島に緑豊かな森林をつくるのがその使命である。

しかし現行の政策に果たして問題はないのだろうか。ここでは二つの問題について考えてみたい。

その一――。まず公共事業を通して造成する将来の森林の姿を国民にはっきりと示し、コンセンサスを得ることである。つぎはその一例である。

この春、(社)日本林業技術協会の用務で韓国光陵山林博物館を訪れた。ここは、八九年の「ソウル・オリンピック」を記念して建設された施設で、その規模は世界一を誇っている。

ここで遭遇したのが大ジオラマ「二十一世紀の森林」であった。そこには「政府はこの地にこんな森林をつくることを約束する」とのメッセージが添えられていた。

一般に、めざす森林の姿をイラストや文章でつづっても具体的なイメージは浮かんでこない。第二次大戦中の乱伐、国土が焦土と化した動乱(一九五〇―五三年)のあと、国をあげて復興に取り組み、みごと「緑化成就」の金字塔を打ち建てた韓国政府が、つぎの時代の森林を具体的に国民に示した英断に拍手をおくった。そしてこのジオラマに見入る修学旅行生の目の輝きがいまも印象に残っている。

その二――。林政学の権威、故島田博士が熱っぽく説かれた「流域計画論」が金科玉条として筆者の身についている。「奥地水源地帯の整備があって、はじめて流域全体が安定する」――。かつてバングラデシュに滞在当時、度重なる大洪水に上流のインド、ブータンなどの水源地帯の無整備を訴える要人の声に接した記憶がある。これらから見るかぎり、現行の治山政策はこれでよいのかの思いは深い。

たとえば治山投資――。治山事業の予算配分を見た場合、下流の民有林にくらべ奥地水源地帯の国有林が極端に少ないのだ。

いままでこの比率で実施されてきたからこれでよいのではなく、整合性があるか否かのメスを公共事業に入れることが必要である。そしてこれが真の公共事業の見直しにつながる。

実績踏襲・実績尊重は二十世紀の遺物、新しい世紀は斬新の風を待ちわびている。

環境酒場

「人名録などの趣味の欄に、読書、旅行をあげている人は多いが、飲酒と書いている人は見かけない。（酒好きな私は）これからは旅と酒と書こうと思っている」と、写真家・石川文洋氏は書いている。

酒に関する限り、決して人後に落ちない筆者の酒の遍歴も年齢とともに自然淘汰され、落ち着くべき店に落ち着いたようだ。共通項はちょっと気障だが「さわやかな明日のために」、そして「健康な日々の生活確保のため」の話題がとびかうところにくくられる。ひそかに「環境酒場」と名づけている。その一端――。

新橋四丁目「S」。濃紺ののれんに染めぬいた純白の文字がおどる。名門県立長野高校の東京の拠点でもある店には、信州からの上京者がいつもたむろし、日本の屋根の情報には事欠かない。ここの年中行事に、夏の尾瀬沼、秋の黒姫山探訪がある。

「最近尾瀬にはホシガラスに代わって、低地に見られるキジバトが目につく。歩道のほとりには、同じくワレモコウがはびこっている」と、生態系の変化に警告を発するのは山男でもある店主である。

そういえば先日スウェーデン国立農科大学ガスタンスン先生の研究室から、絶滅のおそれのある植物をリストアップした労作「危機に瀕している植生」の寄贈を受けている。残念ながらこれはもう世界の趨勢である。

いつも定席を占める常連客（電力会社重役氏）からは、「尾瀬の山荘に野生の狸が出没し、登山客が餌付けをしている。冬将軍の到来を前に管理人下山のあとが心配だ」との話題が出る。すかさず知床・羅臼の国立公園管理棟にこんな警告があったとの声を聞く。

「野生動物に餌を与えないでください。この自然を末長く守っていくために」

人間から餌をもらったクマはそれを学習してしまう。彼らは古くからの住民で、人は訪問者なのだ。だから人間側は野生の王国のマナーを守る義務があり、野生動物とのつきあいには一定の距離が必要だ。餌を与えることが結局、人にも動物にも不幸をもたらす。この店をいつも明るく支える女将は、健脚ぞろいの歩こう会のメンバーで、昨日の赤城山登山の報告が新風をふきこむ。

こちらは個性のある客が集う三丁目「C」。NHK朝のテレビドラマでご存じのあぐり美容院の男性モデルになったという元商社マンなど多彩な常連客で賑わう。染色会社の部長は、近年の河川の汚れをぼやく。上流に森林があれば、濁り（「SS」＝数値はppmで表示）ばかりか、有機物の分解、窒素の無機化、土壌イオンの吸着など、昔の水質が取り戻せるはずだと奥地・山地の荒廃を指摘する。話題はとつぜん砂漠化問題に飛び、「サハラ砂漠がその昔森林と草原であった（本シリーズ⑧）とする根拠は？」との素朴な質問が出る。

サワラ地方の岩盤にはいわゆる岩絵が残されており、これが歴史を教えてくれる。紀元前四五〇〇年の岩絵には、ゾウ、カバ、キリン、そしてカモシカなどの野生動物の狩りの姿が見られ、これが草原の時代と解釈される。ついで紀元前二〇〇〇年以降にはラクダの岩絵が出現している。

話は砂漠を舞台にした映画「目には目を」に移り、話題はさらにふくらむ。

さてこの二つの店には今はやりのカラオケはなく、客に大声村の出身者も皆無。みんなマイペースで談笑し、他人に迷惑をかける輩などいない。まぎれこんだとしても店主の采配よろしくいつの間にか消えてゆく。これらの店でさりげない客同士の話に耳を傾けていると、つくづく地球に優しい人たちだと実感する。ちょっと人には教えたくない。

第五章　森林のはたらきを知る

都民の森の入口で
著者夫婦と孫たち

クックーの治山博物館外観（国土防災技術㈱福島支店青木次長提供）

いままで第一章から第四章まで、人間と自然について、森林のはたらき、効果、機能を中心に述べてきたが、本章はこれらの働きを実践、実例を通して知ってほしいという観点から、三つのケースをとりあげた。

①「東京都民の森と私」は、多摩川の上流水源地帯に位置する、都唯一の村、桧原村に、東京都が設計公開競技で公募した「都民の森」に応募・入選の顛末である。

②「治山博物館をつくる」は福島県が郡山市郊外に企画した治山事業のPRと災害情報発信を目的にした「治山博物館―クックーの治山館（これも設計は①同様、コンペで行われ、筆者らのチームが金賞を受け施工管理をも担当した）の紹介である。

③ 童話「緑を運んだ鳥」は、ある地球環境に関する童話コンテストに応募し、賞をいただいた作品を、大人向きに書きかえたものである。いま読みかえすと原作のほうがよかったような気がしてならない。

一、東京都民の森と私

都民の森計画の背景

休日の東京のターミナル駅はいま、緑の森、清冽な水、森林浴を求める人々で賑わっている。まさにブームの到来である。

国土面積のわずか一割に過ぎない三大都市圏に全人口の約四五％が住むニッポン。首都圏を考えるときその過密度はさらに高まる。

今後二十一世紀に向けて、経済、文化、社会等、各方面にわたって持続的に安定的発展をとげていくためには、都民一人ひとりが、「安らぎと落ちつき」の場を確保する必要があると考えられる。

かつてＮＨＫの「住みよい都市の条件」についての世論調査では、都市生活に求められるものとして、「高い収入がえられなくても、自然環境に恵まれたところがよい」「単調であっても落ちついた毎日を送れるところがよい」等の意見が過半数を占め注目された。

そしてこれを裏づけるように、休日ともなると登山、ハイキング姿の都民が緑と清流を求めてどっと郊外にくり出す。

このようなことを背景として、東京都は、都民が自然に親しみ、森林、林業についての正しい理解と認識を深めるとともに、適切な野外レクリエーションを通じて、都民の健康の増進、青少年の健全な育成を図ることを目的として、本格的な山岳の森林公園の創設に踏みきった。

計画地は、東京都内唯一の村である西多摩郡桧原村数馬地区、面積二一三・一ヘクタール、標高一〇〇〇〜一五〇〇メートル、ブナを主とする急峻な自然林が指定された。

設計コンペ

そしてこの設計を東京都は公開設計競技（コンペッション）に付し、広く民間の英知を結集することにした。そしてつぎの皆さんが審査員に任命、公表された。

審査委員長・・塩田東大教授（森林風景）

委員・・奥富東京農工大教授（植物生態）

池原筑波大教授（造園計画）

上飯坂東京農大教授（森林利用）

池上国立公園協会理事長（自然公園）

佐藤日本野生動物研究センター理事長（野生鳥獣）

評論家　五代利矢子（生活）

中村桧原村村長（山村）
小机東京都森林組合連合会会長（林業）
太田東京都造園緑化業協会会長（造園緑化）
貫洞東京都副知事（東京都代表）

このメンバーを一覧して、とっさに私の脳裡をかすめたのは、「急峻な山岳に加えて集中豪雨地帯であるのに、防災、保全（治山砂防）の専門家が委員に加えられていないのか」であった。都庁の友人にそのことを伝えると、「既に知事の決裁を受けており、いまさら何を」の声が即座にかえってきた。これが後刻大問題になろうとは、神ならぬ身の知る由もなかった。

われわれは審査員はいかにあろうともユニークなこのコンペに参加しないという法はないと判断した。そして長年の盟友であるとともに技術面でも深く尊敬している（株）スペースコンサルタント（当時前野社長）とジョイントを組み、真夏の炎天下の一日、現地踏査を行うとともに作品の製作にとりかかることとなった。うだるような猛暑の続く昭和五十九年八月のことであった。そして計画の主題とキャッチフレーズは、この地域が多摩川上流の奥地水圏地帯に位置していること、今後の水需要の増大を背景として、当時図書「新しい森林土木と水資源」を私がとりまとめたこともあってか、衆議の結果、主題とキャッチフレーズは『緑のダムと都民の森構想――失われつつある「森林の生態系」の再認知と「森林のイメージ」の回復のために』を掲げることになった。

私たちの作品

日頃の研鑽した技術を開花させるため多忙極まる日常の経常業務を終えたあとメンバーはそれぞれ飯田橋のアジトに集まり、カンカンガクガクの討議を経てとりまとめた成果品は次のとおりであった。

まず対象地区を①エントランスゾーン（森の入口）、②ウッドゾーン（林業の森）、③ワイルドライフゾーン（野鳥獣の森）、④ウォーターゾーン（水源の森）の四つに区分し、とくに①のエントランスゾーン（森の入口）には、山崩れとこれがひきがねとなって発生する土石流の襲来に備えて防災施設としての治山ダムとその背面に湛水地域を計画した。

また、この計画の中枢ともいえる森林の取扱いについては、部屋の柳内克行君がその持てる技術と蘊蓄を傾けてきめこまかい構想を打ち出してくれ、健全な森林づくりへの足掛りを固めてくれたのは感激であった。この森林づくり計画は、都庁林務課の担当官より高く評価され激賞を受けたことをここに附記しておきたい。

暑さをふきとばし精魂を傾けた成果品がまとまったのは、締切り日当日であった。「当日消印有効」の条件に便乗して、粘りに粘って東京中央郵便局の窓口に持ち込んだのは、締切り三十分前の深更であった。手続きを終えて外に出たとき、丸の内のビル内は漆黒の闇に包まれ、人影は既に絶えていた。

もともと防災対策では自信があったこと、加えて水資源と森林～緑のダムのキャッチフレーズは時宜をえたものであり、パース、製図ともに入念の筆致であったことも加わって、全員入選を固く信じて疑わなかった。

無視された防災

発表当日待望の選考結果を聞いて私は唖然とした。応募作品八十点のうち、第四位。それはともかく、講評に当った塩田委員長はわれわれの作品に対し「治山ダムに湛水させて湖面を形成する計画になっているが、湛水はむずかしいと判断した。これは景観面から見た場合でも（ダムは）不要である。ないほうがすっきりする」（後略）という趣旨の講評であったからである。「モチはモチヤに任せてほしい」。わたしの胸は激しく動揺した。

長年の研鑽と経験の上にたって、経常時の流量と降水量のデータから科学的な計算を行い湛水には十分自信があった。そして、それにも増して予防治山（山崩れを未然に予防する）のダムを景観上すっきりするから不要であるとしたこの審査に私は失望を禁じえなかった。何故ならここがわれわれの作品の命であったからである。

応募作品八十点はその日から浅草の都の施設に展示され、そのあと入選作品のみ、東京都庁の別館に公開され、多くの識者の目に触れることとなった。

十一月上旬の一日、キンモクセイの匂う都庁の会議室での表彰式に私は設計の代表者として尾崎社長（当時）のお伴をして臨み、貫洞副知事より賞状とともに副賞（五十万円）とケヤキの年輪にはめこまれたクオーツの置時計の授与を受けた。

この時計はいまも職場の私の席の背後にあって正確に時を刻んでくれている。

さて、話をもとに戻そう。表彰式当日、審査委員長の講評のあと、「何か質問があれば」の声に応えて、私はすかさず防災対策についてお尋ねをした。一瞬場違いの感が働いたが、これに対して委員長からは的確な答えは得られなかった。もっとも都の担当者から「災害があれば治山事業費で対応したい」旨の説明があったが、私にはただ空しく聞こえるだけであった。

台風十九号の襲来

都民の森は、第一位入選のT・S研究所の設計（案）が具体的に採用され、これをもとに工事が急ピッチで進められた。わたしも関係者の一人として、これの一日も早い完成を祈念しつつも、私の脳裡からはくどいようだが防災のことが離れることはなかった。

建設のなかばで、「朝日新聞」の論壇に、都民の森の造成を巡って、ブナの生態系の危機がとりあげられ開発反対の声がとりあげられたことがある。しかしこれを上回る大きなパンチがこの森を襲ったのである。

一九九一年九月、台風十九号は九州に上陸し、日本列島を縦断して各地に大災害をもたらし、最後に北海道を総ナメにしてオホーツク海に去った。

九州では大分県日田地方のスギ林（日田林業として有名）をなぎ倒し、収穫直前の青森リンゴに未曾有の大被害を与えたのもこの台風であった。そしてこれのもたらせた集中豪雨により山崩れ、土石流は各地に発生、ここ都民の森も決して例外ではなかった。

ここでは急斜面の山腹崩壊は土石流となって谷を流下し、出口の道路、駐車場予定地に莫大な土砂を流出して、全く手がつけられないという惨状をもたらした。私も一日現地にとび呆然として土砂の中に立ちつくした。残念ながら私の懸念は見事に的中したのである。

防災か景観か

いやみがいささか過ぎたかも知れない。しかし以上が東京都民の森の設計コンペとその後の工事の顛末である。快適環境アメニティの確保の必要性から、災害防止と景観～環境保全のいずれが優先するかの議論はいま盛んである。

しかし忘れてならないのは、急峻な地形、脆弱でモザイク状の複雑な地質、加えて集中豪雨、地震襲来の頻度が高い日本列島では、まず完全な防災、そしてこのうえに立脚した景観等への配慮が払われなければならないと私は考える。

八五年、オーストリーチロル州で見た防災ダムとその下流部に盛土を行ってその法面を緑化した工法に防災と景観保全両立の姿を見て感銘したが、いずれにせよこれらの観点から東京都民の森の設計コンペは、いろいろの意味で私の防災哲学に多くの教訓を残してくれた。

そしてかつて成田で開かれた国際環境アセスメントシンポジウムで、防災を忘れた環境アセスはありえないと看破されたパネラーの松井健さんの発言がいまもずっしりと私の体内に沈んでいる。

平和、平静時の自然はやさしい。しかしそれが一旦牙をむいたときは何よりもおそろしいことを互いに肝に銘じなければならない。

二、治山博物館をつくる

現代はまさに情報化社会、そしてPR時代、おびただしい量の情報が日本中に渦まいている。近年の環境・緑ブームは地球環境保全の重要性を裏付けているが、その一翼を担う治山となると残念ながらその情報はほとんどない。これに着目した福島県は、わが国ではじめて治山事業のPRを含めた「治山博物館」の創設を郡山市高篠山に企画し、その企画設計が公開設計競技で行われた。そして筆者らのチームの案が採用され、三年の月日をかけて完成した。以下にそのあらましを紹介しよう。

・博物館の基本コンセプト

この施設のねらいは、治山情報システムの一環として、地域住民の皆さんに山崩れ、土石流に対する理解を深め、その情報を提供するとともに、被害の防止、軽減をめざす。

そしてこれが市民が親しみ憩う森林公園の中につくられることから、多くの来園者に対し、治山事業を理解していただくなどのアカウンタビリティ～説明責任を果すことにおかれた。

なお企画・設計の立場から、いままでの治山事業のPRが、ともすれば専門的で必ずしも理解しやすいものでなかったことから、広く子供から大人まで「楽しみながら理解をうる」ことにそのねらいをおいた。

そしてこの館の名称を、郡山市の鳥がカッコウであることから、「クックーの治山館」と命名した。

施設のゾーニング

この館では館内を大きく「聞く」「見る」「ふれる」「知る」の四つのゾーンに分けたがその具体的な配置はここでは省略する。

一階の「聞く」コーナーはテーマゾーンとしてクックーと来館者の対話「Q＆A」同じく「見る」コーナーでは「高篠山の治山」「高篠山の治山と情報システム」「ふれる」コーナーでは、「森林のはたらき」「雨のいろいろ」そして自然の動物たちのモビールをくぐり抜け二階に昇ると「知る」コーナーの高篠山防災観視局のほか「治山のはたらき」～森林の機能（保安林）のほか、「治山の歴史」「世界の治山」を展示した。

ここではそのいくつかを紹介しよう。

まず正面エントランスを入ると、クックーが歓迎のあいさつとメッセージを喋《しゃ》べり、このあと問答QアンドAが始まる。質問は自動的に無作為に三つの質問が選ばれ、テストが行われる。

その内容はつぎのとおりである。

問題と答えの一例をあげよう。

問題と答えのパネル

Q１・大雨が降った時に、山崩れがおこりやすいのは次のうちどれ？

［森林のはたらき］

A・❶樹木の生えていないはげ山
②森林のおおっている緑の山

Q2・森林浴とは森林を歩きながら木々の発散するガスを浴びて心と体をリラックスさせるためのものです。さてこの成分のなまえは次のうちどれでしょう。

A・①ヘリウムガス
②炭酸ガス
❸フィトンチッド

〔高篠山の自然〕

Q3・おいしい水をつくるのはどんな山に降った雨水でしょう。

A・①石がごろごろした岩山
❷森林のおおっている山
③樹木がはえていないはげ山

〔森林のはたらき〕

Q4・日本の年間降水量は平均1750mmですが、郡山の年間降水量はどれくらいでしょうか。

A・①4002mm

〔雨のいろいろ〕

❷ 1180mm
③ 815mm

Q5・江戸時代、農業生産力を高める為に治水事業が盛んになりました。「治水のかなめは治山にあり」と最初に考えた治山家は誰ですか？

［治山の歴史］

A・① 西郷隆盛
❷ 熊沢蕃山
③ 二宮尊徳

Q6・川の上流やダムのまわりに指定されている水源かんよう保安林とは次のうちどのような働きをするでしょうか。

［治山のはたらき］

A・❶ 雨水を地中に貯え洪水を防いだり雨水を有効に使えるようにする。
② ついたてのような役割をして風や土砂から田畑や住宅をまもる。
③ レクリエーションの場を提供して私たちの生活を安らぎあるものにする。

Q7・私たちの住む細長い形の日本列島には背骨のように山脈がそびえていますが、日本の面積の中で山地の占める割合は次のうちどれくらいでしょうか。

［治山のはたらき］

A・①約20％

②約50％

❸約70％

Q8・このクックーの治山館には3カ所の観測局によりさまざまなデータが送られてきています。

源田観測局からは何のデータが送られているでしょうか。

［高篠山治山と情報システム］

A・❶雨量

②温度

③水位

解答パネル

・はげ山に降った雨は山の斜面を流れ出し地表を削るので山崩れや洪水を起こしやすくなるんだよ。

それに比べて森林でおおわれた山では雨水は山に吸収されるので災害は起きにくくなっているんだ。

・森のなかを歩いているとなんとなく気分がスッキリとしてくるよね。フィトンチッドは人間の心や体にとてもいいと言われているんだよ。それだけではなく、悪い虫を葉や幹に寄せつけないための働きもしているんだよ。

・森林に降った雨水は、たっぷりと土中深くしみこんで、窒素やリンなどの不純物はほとんど土によってろ過されるのだ。そして、体にいいミネラルが加わって川に流れだすので、冷たくておいしい水になるわけさ。

・郡山市は全国的にみると、わりと雨の少ない所なんだ。日本で年間降水量が一番多い所は、三重県の尾鷲市で**4002mm**、一番少ない所は北海道の網走で**845mm**なんだ。

・熊沢蕃山は、洪水を起こす原因は水源の山にあると考えて、治山活動を始めた人なんだよ。農業を盛んにするために江戸時代に活躍した人。この人のおかげで日本の治山事業は発展したんだね。

・森林は雨が降ると、土の中に吸収して地下水として蓄えます。そして、少しずつ川に流すことによって洪水を防ぎ雨がしばらく降らなくても、水が涸れないようにしているんだよ。

・日本の国土の70％は山地で、そのほとんどの山が急斜面です。日本列島は数億年も前から、くりかえし起こった火山の爆発、地殻変動によってできた山脈が連なる複雑な地形なんだよ。
・ここから5㎞離れた源田川上流の源田観測局から降水量のデータが無線で毎日詳しく送られてくるんだよ。

他にも高篠山には、雨量を測量する所と川の水位やにごりを観測する所があるんだよ。

なおその答えによっていろいろな画面がスクリーンに写し出されてテストの結果が判定される。

このほか「ふれる」コーナーの「森林のはたらき」では、立派な森と荒れた林地、そして崩壊地などの裸山が流出させる土砂による川のにごりの程度をハンドルを実際に操作して知ることができ、また雨のいろいろでは、いま問題になっている雨の強さと山崩れ、土石流→土砂害の発生問題に関連して、雨の強さの体験ができるようにした。また知るコーナーの「世界の治山」では、インドネシア（スラウエシ島の治山）、日本における治山、砂防の原点とされているオーストラリアの治山、あたかも神戸市と六甲山の関係に似ているアメリカ合衆国ロサンゼルス郊外の「サンガブリエル山地」の治山を紹介した。

なお本館の企画・設計にあたっては、欧州における森林博物館のコンテストで金賞に輝いたスエーデン国リュクセール博物館を私が一人で視察しいろいろのことを学ぶことができた。改めてここに謝意を表したい。

三、童話「みどりを運んだ鳥」

　この童話は、九二年地球環境を守る童話のコンテストで賞をいただいた作品です。三人の幼い孫に読んでもらおうと、彼らに語りかける形式で書いたものをここでは成人向きに書きかえてみました。

　改めて読み返してみると、原作のほうがよかったような気がします。

美しい森と湖

　紺碧に澄みきった湖のほとりには、鬱蒼と茂った黒い森がえんえんと広がり続いていました。夏の朝、湖の向こうに朝日が昇ると、あたりは一面に金色に輝きます。そして涼風が鏡のような水面を駆け走るとたちまち金銀のさざ波がたち、跳びはねる鮎の銀鱗に朝日が映え、それは空中に舞う宝石を思わせました。

森のなかには銘水がこんこんと湧き出て、山々は春の芽ばえ、夏の力いっぱいの緑、秋の燃えるような紅葉の錦と姿を変え、冬には白銀一色にいろどられました。

太陽が西の山に沈み、山寺の鐘が村全体に鳴り響くころ、鳥たちは山の住家にかえります。間もなく満月が山の端から大きな顔を覗かせ、鹿、兎、狸、時には奥山の熊も揃って、森のパーティが賑々しく開かれました。村人たちはこのような豊かな自然に囲まれ、楽しく平和に暮らしていました。

動乱と荒廃

この平和な村にある日大変な事件が勃発しました。隣国の貧欲、横暴で鳴る領主が豊かなこの村を手に入れようと突然攻めこんできたのです。村人たちは愛する家族と美しい故郷を守るため懸命に戦いました。

そして戦いが長びくにつれて、多くの村人の命が奪われ、傷つく人も出ました。長い戦争は多くの家を焼き集落を破壊しました。そしてそれを復興するために山の木はどんどん伐倒されました。そのためあの黒い森ははげ山になりました。「戦争はいやだ！」人々は口々に戦さを呪い、心からそう叫びました。しかし戦争の傷あとは決してこれだけではすまず、裸になった山々はその後、毎年のように襲来する台風や豪雨にいためつけられ、山肌の土は侵食されて美しい湖の中に流入しました。さらに何年か経つと伐倒された木の根が腐蝕して山を支えることができなくなり、各所で山崩れが発生しました。湖の水は真っ赤に濁って森が落とす陰のなかに群れていた魚たちは濁水に我慢できず、いつの間にか姿を消してしまいました。

また月夜のたびに開かれていた森の動物たちのパーティもいつか開かれなくなり、見渡すかぎりの荒れた山々と濁水の湖があとに残りました。魚が採れなくなると村人たちの生活はとたんに貧しくなり、彼らの心も残された荒れ山のように荒んでいきました。

緑の復原

長い戦争のあと、村人たちは忘れることのできないかつての美しい森と湖をとり戻すために、村の公民館に集まって鳩首相談をくりかえしました。しかし、しかと名案も浮かばないまま、時間はどんどん経過しました。その間にも山々は雨のふる度に下流に土砂を流し、湖は全く手がつけられないほど濁ってしまいました。山のふもとに住む人々は、山津波（土石流）や地すべりの恐ろしさに耐えきれず、家をたたんで遠くの村や町に去っていきました。そしてまた何年かたちました。

この国の殿さまは、いまこそ村を昔のような美しい姿に復原しようと家来たちに命じて名案を募りました。

そのとき一人の侍が「私に腹案があります。その復旧対策を私に命じて下さい」と名乗り出ました。殿様は胸中「果して大丈夫か」といぶかりましたが、他に名案もないことから、清水の舞台から飛びおりた心境で、彼にすべてを任せることを決断しました。

みどりを運ぶ鳥

勇んで村に乗り込んできたその侍は、大急ぎで現地の山々を調査、視察したあと、直ちに米や麦、雑穀の空俵を可能な限り多く集めさせました。「果してこれで山が緑に?」と村人たちはいぶかり、怪しみましたが、ワラにもすがりつきたい気持ちから懸命にこの仕事に取組みました。そしてまたたく間に空俵の大きな山が、村の広場という広場にうず高く集積されたのです。

すると彼はいち早くこれを山に運搬させ、俵を解体してムシロに作りかえ、山肌にぴったりはりつけさせました。そしてこれらが滑り落ちないように竹串ではげ山にとめてしまったのです。間もなくこのムシロを目指して、沢山の鳥たちが遠くのあちこちから飛んできました。

この空俵には、米、麦、雑穀とそれらに寄生する虫がついていて、これらを目当てにして鳥は飛んできたのです。鳥たちは懸命にこれを啄み、ムシロのうえに沢山の糞を落しました。そのなかには遠くの山で口にした木の実などがまじっており、これがやがて芽を出しました。また鳥の糞には燐酸、加里などの肥効分とともに高分子材料が含まれており、これらが肥料や接着剤、侵食防止剤となって、草や木はぐんぐんと生長し始めました。

いま広大な荒廃山地にヘリコプターからタネや肥料を散布する航空機緑化工事が行われていますが、鳥たちは果たせるかなこの役目を見事にやってくれたのです。

よみがえる森と湖、村人たちの喜び

緑の兆がみえるとあとは楽しみです。鳥たちが運んでくれた緑はその後どんどん生長して山々には再び森がよみがえってきました。

森林の力の偉大さに村人たちは目をみはりました。いつの間にか湖の水も見ちがえるように綺麗になり、昔のような紺碧の水辺には蛍が飛びかい、森の蔭には魚が群れるようになりました。たちまち村人たちの生活も昔のように豊かになり、人々は平和の喜びを改めて噛みしめました。

さて秋には紅葉の錦の下で、マツタケ狩や名物のステーキのバーベキューも行われ、村人たちの歌声が山々にこだましました。お殿様は一致団結して緑を復原した村人に褒美を与え、この事業を推進した侍を現在の環境局長官に任命しました。また山に緑を運んだ鳥たちに感謝し、これからも彼らを大切にするようお布令を出し、毎月一日を「緑、水、鳥の日」と決めました。

村人たちはこの教えを守るとともに緑の山、清い湖をつぎの時代に引継いで今日に至っています。この森と湖には多くの人々が訪れ、今日もピクニック、森林浴、ウインドサーフィン、ヨット、釣りなどのレクリエーションを楽しんでいます。めでたし、めでたし。

おわりに

ミレニアムの二〇〇〇年春、スペースシャトル・エンデバーで宇宙遊泳中の毛利守さんからこんなメッセージが地球に届いたという報道に接しました。

「八年振りに宇宙から見た地球は、アラル海が小さくなっていたし、汚染も進んでいた。しかし緑はまだまだ沢山あって、地球はもう駄目かと思っていただけに嬉しかった」——

このはなし、地球にはまだまだ脈があるぞ決してあきらめてはいけないとの励ましの言葉に聞こえました。

地球の自然を守る「地球環境保全」には多くの課題が山積しています。これらをひとつひとつ解決し住みよい地球を取り戻すためには、みんながそれぞれの立場で、地球人としてのマナーを守り努力することだと考えています。本書にはこの五〇年、一筋に歩んできたコンサベーションの仕事を通じての思いをすべて吐露したつもりです。

最後に本書の出版に当って格別のお世話にあずかりましたサンワコーポレーションの高橋編集長、東京新聞「心のページ」に連載中数多くのエールを直接たまわった読者の皆さんに心からお礼を申し上げます。

――著者――

（注）本書の写真は、友人柳内克行氏（国土防災技術(株)環境防災センター部長・弘前大学自然環境学科非常勤講師）より提供を受けました。併せてお礼申し上げます。

【初出一覧】

一章——平成六年の四月から八月「東京新聞」の夕刊「心のページ」に連載。

二章——平成七年五月から九月「東京新聞」の夕刊「心のページ」に連載。

三章——平成九年八月から十二月「東京新聞」夕刊「心のページ」に連載。

四章——平成一〇年六月から十月、東京新聞の夕刊「心のページ」に連載。

五章——エッセイ集（私費出版）コンサベーションに掲載。

（著者略歴）
日置　幸雄（ひおき　ゆきお）
1929（昭和4年）三重県生れ。林学を専攻し昭和26年林野庁入庁、九州国有林の現場勤務のあと林野庁（森林土木専門官など）一筋に保全〜治山の道を歩む。森林伐採など開発の業務に縁はなかった。昭和51年より建設コンサルタント国土防災技術（株）入社、防災・地球環境保全の技術部門に従事、平成九年より同（株）テクビス技術担当副社長。この間海外の防災等業務、ＮＧＯなどで世界を巡る。日本林学会、日本自然生態学会、日本技術士会（林業部門（林業・森林土木）、建設部門（河川、砂防及び海岸）会員、東京都都民の森設計コンペ入賞、福島県治山博物館設計コンペ金賞、著書「世界の治山、砂防事情」「コンサベーションⅠ、Ⅱ」のほか技術書多数。

森林は誰のもの　緑のゼミナール

著　者　日置幸雄

2000年12月30日　初版発行

発行者　高橋　考

発行所　サンワコーポレーション SANWA co.,Ltd.
〒177-0041　東京都練馬区石神井町1-15-13
電話　03-5393-2744　FAX 03-5393-0269

Printed in Japan　ISBN4-916037-32-4 C0050
乱丁、落丁本はお取り替えいたします。
<印刷：亜細亜印刷>
<製本：高地製本所>